SAFETY CULTURE EVALUATION

安全文化评价

郭仁林 ◎ 著

企业管理出版社
ENTERPRISE MANAGEMENT PUBLISHING HOUSE

图书在版编目（CIP）数据

安全文化评价 / 郭仁林著. —北京：企业管理出版社，2023.6
ISBN 978-7-5164-2857-3

Ⅰ.①安… Ⅱ.①郭… Ⅲ.①企业安全 – 安全文化 – 评价 – 中国 Ⅳ.① X931

中国国家版本馆 CIP 数据核字（2023）第 120547 号

书　　　名：安全文化评价
书　　　号：ISBN 978-7-5164-2857-3
作　　　者：郭仁林
策　　　划：杨慧芳
责任编辑：杨慧芳
出版发行：企业管理出版社
经　　　销：新华书店
地　　　址：北京市海淀区紫竹院南路 17 号　　邮编：100048
网　　　址：http://www.emph.cn　　　　　电子信箱：314819720@qq.com
电　　　话：编辑部（010）68420309　　发行部（010）68701816
印　　　刷：北京虎彩文化传播有限公司
版　　　次：2023 年 7 月第 1 版
印　　　次：2023 年 7 月第 1 次印刷
开　　　本：710mm×1000mm　　1/16
印　　　张：12.25 印张
字　　　数：206 千字
定　　　价：78.00 元

习近平总书记在中央政治局第十七次集体学习时强调，锚定建成文化强国战略目标，不断发展新时代中国特色社会主义文化。安全文化是新时代中国特色社会主义文化的有机组成部分，推进安全文化建设对于提高全民族安全素质，塑造高水平安全以保障高质量发展，丰富和发展中国特色社会主义文化，具有重要作用。

安全文化具有文化的共同属性，与人类生存生活生产相伴相生。中华文化博大精深，安全文化源远流长，《易传·象传下·既济》中的"君子以思患而豫防之"，道出了"治于未乱"的预防理念；《汉书·贾谊传》中的"前车覆，后车诚"，则是安全事故警示教育的早期范本。现代意义上的安全文化，发端于对切尔诺贝利核电站事故的反思，1992年国际核安全咨询组织（INSAG）的《安全文化》被译成中文并在国内出版，安全文化在国内迅速传播发展。原劳动部部长李伯勇1994年6月撰文，要求"把安全生产工作提高到安全文化的高度来认识"，这是我国首次公开强调安全文化的重要性。国家安全生产监督管理总局则把安全文化建设作为重要工作措施加以推进，2005年2月首次提出安全生产五要素，把"安全文化是素质保障"作为第一要素，体现了对安全文化基础性、根本性作用的深刻认识；2008年12月制定出台两项行业标准《企业安全文化建设导则》《企业安全文化建设评价准则》，指导加强企业安全文化建设。

安全文化贵在传播普及。要鼓励引导全民参与，通过教育、宣传、评估、激励等方法，普及安全知识、增强安全意愿、强化安全意识、引导安全行为、提高安全素养、改善安全环境等，使人员安全从被动执行状态转变为自觉主动状态，以达到减少人为事故的效果。习近平总书记高度重视安全文化建设，要求"完善公民安全教育体系，推动安全宣传进企业、进农村、进社区、进学校、进家庭，加强公益宣传，普及安全知识，培育安全文化"。应急管理部深入贯彻落实习近

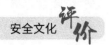

平总书记重要指示精神，持续加强应急管理领域文化建设，每年召开宣传思想文化工作会议作出部署，研究提炼出了应急特色文化核心理念和价值共识，择优树立了一批先进典型，创作推广了一批优秀文艺作品，培育发展了一批特色文化品牌，应急文化建设在凝聚社会各界共识、推动应急管理工作、塑造应急人形象、普及安全知识技能、提高全民安全素质等方面发挥了独特作用，取得了良好效果。

  安全文化评价是推进安全文化体系建设的有效手段，解决的是安全文化建的怎么样、怎么改进提高的问题。《安全文化评价》从方法与实践两方面系统介绍了安全文化评价的理论和工具，通过典型案例详细讲解了安全文化评价的操作和应用，对企业安全文化工作者和从事相关工作的专业人员都有参考价值。

第十四届全国政协常委、教科卫体委员会副主任
应急管理部原正部长级副部长

尚　勇

　　仔细研究企业发展的历史可以得知，人们所熟悉的许多百年老店之所以能够经久不衰、基业长青，不只是因为它们具有长期、持续、稳定的盈利能力，更重要的是它们具有长期、持续、稳定的抗风险能力。而这种抗风险能力不仅仅是指经营层面的抗风险能力，同时还包括企业在生产安全方面具有持久保持良好运行状态的能力。

　　试想一下，如果一家企业发生了一次重大的安全事故，那么这家企业即使经营业绩斐然，也会因为这次安全事故而陷入危机。因此在企业发展的过程中，安全底线不能破。而要长期守住这条底线，筑牢企业安全生产的防线，就要同时在两个方面做出必要的投入和建树：一方面是，企业用于安全方面的资金投入不能省，不能因为资金短缺或经营困难等削减安全工作需要的人力、设备、物资等，从而在物质层面确保安全生产的条件；另一方面是，用于强化安全责任意识、培养安全管理能力方面的宣贯、培训、教育、演练、考核等安全工作不能缺失，尤其需要持续不断和扎实有效地推进安全文化建设，从而在制度与精神层面确保安全工作责任落实到位。从很多企业的成功实践案例可以发现，凡是在生产安全方面能够保持长期良好状态的企业，除其安全基础设施完备、安全预警保障能力健全和安全管理系统完善以外，它们对安全文化建设的高度重视和常抓不懈更是发挥了重要作用。

　　企业安全文化作为企业文化的重要组成部分和企业安全管理的重要抓手，既是做好企业各项安全工作的源头和最根本、最具持久性的要素，同时也是企业预防安全事故、消除安全隐患、真正具有防患于未然功效的治本之举。从目前我国企业安全文化建设的情况来看，绝大多数的大中型企业，特别是重点行业、重点领域的企业都构建了全面系统的安全文化体系。

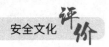

安全文化评价

　　企业安全工作的成效在很大程度上取决于安全文化建设的成效。安全文化建设的成效与成果虽然可以通过企业生产安全稳定运行的时间长短等量化指标反映出来，但同时还需要通过企业安全文化的体系建设情况、安全文化的践行情况以及安全文化执行人的行为表现等非量化指标进行衡量。目前，一些大中型企业和重点行业、重点领域的企业都建立了自身的评价体系，还有一些第三方专业咨询机构也从企业需要的角度提供了评价方法。

　　本书非常全面系统地介绍了企业安全文化评价的基础理论和方法，并以案例解析的方式，对道路交通领域、煤炭行业和化工行业的安全文化评价进行了深入诠释，给出了安全文化提升的对策建议，非常适合企业安全工作者和相关专业人士学习参考借鉴。

国务院参事室特约研究员
原国家安全生产监督管理总局党组成员、总工程师、新闻发言人

黄　毅

II

　　企业安全文化是企业安全管理与企业文化管理相融合的产物。二者之所以需要融合，是因为企业的安全工作既需要制度化的管理，又需要人文化的管理。制度化的管理带有强制性，而人文化的管理更具主观能动性。

　　自1986年切尔诺贝利核电厂爆炸事故导致严重的生态灾难后首次提出安全文化的概念以来，越来越多的企业开始意识到安全文化建设对企业做好安全工作的重要性，只有将企业文化中的核心价值观、使命愿景、管理理念等文化基因深深植入企业的安全工作，通过不断进行入心入脑的宣贯、教育、培训，才能让企业各级管理者和员工提高安全责任意识，牢记"安全第一、预防为主"安全理念，更加主动自觉地遵守各项安全制度，增强生产安全保障防护、安全检查预警、安全应急快速反应等安全管控的执行力。

　　企业文化是企业软实力的重要体现，这不只是因为它在展现企业的战略发展宏图、使命愿景、核心价值观、经营理念等方面具有对外叙事的强大功能，并以此获得各利益相关者及社会公众的信赖，而且它能够在企业内部形成强大的凝聚力、向心力，并以此产生高效的执行力和由获胜心驱动的竞争力。打造企业文化的软实力，除了要建立一整套完备的价值体系，还需要进行长时间的细心修炼。企业文化犹如企业修行的道场，需要在每个方向，甚至每个细节上进行打磨。其中，安全文化就是企业必须精心修炼的内功。

　　企业安全文化做得好与不好，全看企业重视不重视，工作深入不深入、持续不持续。安全文化虽然不直接输出效益，但却能为企业的稳定运行提供安全保障。企业安全文化所取得的成效会直接作用于企业所有的安全工作，而企业安全工作的成效又将直接或间接影响企业的经济效益。所以，可以说安全文化和企业其他生产要素一样，是创造企业经济效益的重要组成部分。那么，如何衡量安全文化

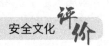

取得的效果？如何用科学合理的方法评价企业的安全文化建设水平呢？

目前，很多企业都建立了适合自身安全工作需要的安全文化评价体系，准备了用于安全文化效用评价的工具箱，以此对企业各阶段的安全文化情况进行有效的评估，进而根据评估结果加以改进和提升。但是，仍有一些企业还没有建立安全文化评价体系，甚至对如何评价企业安全文化一筹莫展。本书有助于企业安全文化工作者和相关研究人员学习掌握安全文化评价知识、工具和方法。

本书对安全文化基础理论、安全文化评价现状、安全文化评价目的与原则、安全文化评价方法、安全文化评价指标等方面进行了全面系统的介绍和阐释，并就道路交通、煤炭、化工三大高危行业的安全文化评价做了详尽的案例解读，具有很强的实用性。

全国性行业协会商会第九联合党委副书记兼纪委书记
应急管理部救援协调和预案管理局原局长

郭治武

目　录

第1章

绪　论

1.1　研究背景、目的与意义

1.1.1　研究背景

随着我国经济的快速发展，安全生产事故呈现出新的特征。根据国外相关研究，企业的安全形势与国民经济发展水平密切相关：当人均国内生产总值为1000～4000美元时为事故高发期；当人均国内生产总值为4000～10000美元时为事故稳定期；当人均国内生产总值高于10000美元时，在一定程度上可以有效控制重大事故发生率，具体表现为事故死亡率大幅度降低、死亡人数普遍减少。2022年，我国人均GDP为12741美元。目前我国正处于安全生产事故下降时期，2018—2022年，全国生产安全事故总量和死亡人数比前5年平均值分别下降80.8%和51.4%，自然灾害死亡失踪人数比前5年平均值下降54.3%。但不可否认，近几年伴随着各种生产事故的发生，国内安全生产事故发生频率及损失程度依然保持在较高水平，这已经引起了政府、学术界和媒体的广泛关注。

浙江金华、河北沧州、北京丰台等地先后发生重特大火灾事故，都是违规动火或电焊作业所致，还存在施工队伍没有资质、施工人员未经培训、违法分包、现场管理混乱等问题，教训极为深刻。在此之前，国家早已针对安全问题制定多项法律法规、政策制度，希望通过这些文件的出台降低行业安全生产风险，降低安全生产事故发生率。《中华人民共和国矿山安全法》（2009年修正本）、《中华人民共和国安全生产法》（2021年修正本），以及《中华人民共和国煤炭法》（2016年修正本）等可有效避免安全生产事故损失，为安全生产事故受害人的人身安全、

合法权益等提供有力保障，推动企业稳定可持续发展。但是从行业领域看，还存在以下突出问题。一是住建领域非法违法建设问题突出，发生了贵州毕节市第一人民医院金海湖新区项目工地重大滑坡事故和湖南长沙市望城区特别重大居民自建房倒塌事故，此外地下施工作业、燃气爆炸事故多发。二是矿山领域事故下降，但非法违法开采问题突出，特别是发生了造成 14 人死亡的贵州黔西南州三河顺勋煤矿重大顶板事故和造成 8 人死亡、13 人受伤的贵阳市清镇市利民煤矿瓦斯超限较大事故，影响极为恶劣。三是化工和危险化学品事故增多，产业转移项目和老旧装置屡屡发生事故，一些化工企业违法违规生产经营，动火作业和检维修等环节安全风险突出。四是运输业事故多发，民航、铁路、渔业船舶安全风险突出，发生多起 10 人以上的重大涉险事故。五是工贸领域中，冶金、机械等行业生产作业事故多发，钢铁、电力等企业环保设施新风险突出，一些工贸企业火灾事故多发，经营性小场所"小火亡人"风险较大。

安全生产管理主要是对人的管理，是一个需全员参与的系统工程。在企业管理实践中，制度约束往往是外在的、强制的、被动的，而文化影响则是内在的、深入的、主动的。建设安全文化，能够有力推动企业的安全发展和高水平管理。精益安全管理更强调以人为本、自主关爱、学习成长、改善优先、精益求精、协调统一、防重于治等理念，突出追根究底和精细化。安全文化的形成是企业深化人本管理的重要标志，也是对管理层集体智慧的检验。在安全文化建设过程中，企业可紧紧围绕"精益安全"管理理念进行安全管理体系的搭建，根据业务特点和人员素质制定安全教育培训的系统实施方案，并逐步完善安全培训师资、课程开发、效果评估等流程，建立与企业需求和员工特点相匹配的安全教育体系，让员工从理念内化到技能掌握，实现安全培训的"私人定制"，从而激发员工的内生需求，变"要我安全"为"我要安全"。

因此，安全文化建设任重道远。企业只有潜心研究安全生产长效机制，着力营造安全文化氛围，才能建立起从被动管理转向主动管理的安全管理体系，从而助力企业的现代化高质量发展。

1.1.2 研究目的

安全文化评价最终的目的就是识别有害因素、危险源、潜在危险因素，分析危害后果，进而确定行之有效的应对方案，对危险源监控进行指导，并以各种方式来规避各类事故，从而降低事故发生率，最大限度减少风险损失，提高安全投资收益。安全文化评价的主要目的如下。

（1）加强本质安全化分析，结合安全生产系统的具体情况，从工程、系统设计、运行机制等多个方面，科学地识别事故隐患，挖掘各种潜在的事件原因，找寻能够较好解决危险因素的技术方案。尤其要重视技术层面的各种问题，实现生产过程本质安全化目标，确保即便是出现设备及操作问题，系统中存在没有被识别出来的危险因素也不会引发过于严重的事故。

（2）达到全过程安全控制目标。在设计工作实施之前，要展开安全文化评价工作，要尽量避免不安全工艺流程的存在，杜绝各类危险原材料，不选择危险工艺，立足有效的评价方法，识别并消除危险源。在设计工作完成后，展开安全文化评价工作，可以对设计中存在的问题进行识别，并且能够有针对性地采取应对措施，通过预防机制来规避各种风险损失。完成系统的设计和建设后，可以在运行阶段全面推进系统安全文化评价，对系统潜在的危险性进行了解，为后续危险性的控制奠定基础、提供依据。

（3）打造系统安全文化评价机制，形成最优方案，实现危险源、分布区域、数量、事故发生概率及严重程度等的预测及分析，形成相应的应对方案。决策者结合评价结论，能够更好地选择适合的应对方案，做出更合理的决策。

（4）形成标准化、科学化的安全技术及管理体系，要立足设备、设施及系统进行生产过程的管理，识别其安全性是否与相关的技术标准和管理规范相匹配，对技术标准及管理规范执行过程中的各种问题进行识别和分析，尽快推动安全技术及管理的规范化发展。

1.1.3 研究意义

安全文化评价最大的意义就是可以预防重大事故，避免人员伤亡及财产损失。安全文化评价和日常安全管理工作不同于安全监督监察工作，安全文化评价从技术负效应切入，立足损失及伤害的分析，确定损失及伤害出现的概率、波及的范围和影响的严重性。安全文化评价的主要意义具体如下。

（1）安全文化评价在安全生产管理过程中是非常重要的，是生产管理的首要

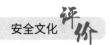

方针，是事故预防及预测的关键环节，在安全生产方针的落实过程中，有着不可替代的作用。立足安全文化评价，能够对经营单位整体的安全生产条件进行确认。

（2）能够对政府安全监管工作提供有力支持。以宏观控制安全预评价的方式来对生产经营单位展开安全生产监管，可以帮助企业更好地进行工程安全设计，提高工程质量，并在投产之后提高工程的可靠程度。在投产过程中，安全验收评价的依据是国家的各种标准和管理规范，包括设备及设施的相关标准，遵循这些标准可以有效地提高安全达标水平。在系统运转阶段，进行安全技术、管理及教育等众多层面的综合性评估可以更加客观地确定生产经营单位的整体安全性，不仅可以使生产经营单位识别到潜在的风险，还能够指导生产经营单位对各种风险进行应对，帮助政府监管部门更好地展开安全管理及评价工作。

（3）可以提高安全投资的合理性。科学地展开安全文化评价工作，除了能够对系统危险性加以确认之外，还可以对危险性演变为事故的概率和导致的后果进行预测和分析，然后可以通过各种数据进行事故危害的计算，也就是计算风险率。立足风险率，可以对系统危险的负效益进行体现，从而帮助企业更好地进行事故预防和消除，确定安全投资的规模，立足最低的人员及设备投入，将负效益降到最低。

（4）可以有效地提高生产经营单位的安全管理水平。安全管理评价可以帮助生产经营单位主动展开安全管理工作，在事前进行预防和分析。传统安全管理之中，大多是立足经验，对于各种事故的处理基本上都是"事后管理"。立足安全文化评价，能够对系统的危险性进行预测，可以对生产经营单位在安全管理方面的实际情况进行分析，确定系统危险程度及安全水平，从而促进生产经营单位安全合规运营。

安全文化评价能够帮助生产经营单位更好地展开安全管理工作，将单一管理转变为全面管理和系统性管理。安全文化评价可以让生产经营单位的所有部门严格地遵循系统安全管理的规范，将所有的部门、环节都纳入生产经营范围，达到全员管理、全面管理、全程管理的效果。

系统安全文化评价能够让生产经营单位更好地展开安全管理工作，不再以经验为依据进行管理，而是以安全管理规范来进行管理。仅仅立足经验、意志或认知来展开安全管理工作，缺少规范的标准和明确的目标。安全文化评价能够让各部门、各位员工更加明确自身的安全管理指标，从而共同推进相关工作，让安全管理工作更加规范、标准地开展。

（5）可以帮助生产经营单位获得更高的经济效益。安全文化评价可以帮助项目更好地识别安全问题，避免建成后再进行返工和调整。安全验收评价能够识别出潜在的各种事故风险，在开工前对这些风险进行消除。安全文化评价能够让生产经营单位的安全生产水平得到持续的提高，最大限度降低事故发生率，增加经济效益，让生产经营单位在获得经济利益的同时，也获得安全效益和社会效益。

1.2 国内外研究概述

1.2.1 国外安全文化评价概述

20 世纪 30 年代，安全文化评价技术逐渐出现，且在保险行业的支持下逐渐发展壮大。保险公司在为客户提供保险支持的过程中，必然要收取一些保费作为服务成本，而风险程度对保费的多少有着决定性影响。因此，在具体操作的过程中，就要对风险程度进行衡量及界定。

安全文化评价工作始于 20 世纪五六十年代。而从 20 世纪 60 年代开始，安全文化评价技术进入了快速发展的阶段。首先，美国开始在军事工业领域推广安全文化评价工作。1962 年 4 月，美国根据"空军弹道导弹系统安全工程"的具体情况，设计并公布了系统安全方面的说明书。在民兵式导弹计划实施过程中，承包商以这一说明书作为安全系统规范，这是在实践领域第一次应用系统安全理论。1969 年，随着美国安全文化评价技术的发展，美国国防部结合军事安全系统的实际情况颁布了具体的安全军事标准《系统安全大纲要点》（MIL-STD-822）。1977 年，美国对这一标准做了修订，正式颁布了 MIL-STD-822A。1984 年，在经过了又一次修订之后，美国颁布了 MIL-STD-822B。新修订的标准在系统的寿命周期方面提出了具体的安全要求，同时也对安全项目做了非常细致的规定。MIL-STD-822 系统安全标准从落地之初就受到了全世界关注，对世界安全及防火工作发挥了非常重要的作用，在日本、欧洲等国都得到了快速的发展。随着安全文化评价技术的发展，系统安全工程方法的应用领域进一步拓展，在航空、航天、石油等领域都得到了广泛的应用。对于安全文化建设机构而言，相关风险分为两个层面：一是参与者的履约信用风险，即因参与者无法按照规则履行个人责任导致的风险；二是参与者自身的认知风险，即参与者本身不具备相关的安全风险意识，无法自觉展开安全行为。

面对各种事故，系统工程可以提供有效的支持，这种支持是极为重要的，对于事件的处理有着决定性影响，也能够对各方面的行为形成带动引导，在安全文化建设工作中是不可或缺的。很多政府及生产经营单位，在认识到安全文化评价的实际作用之后，都开始对这一理论体系进行全面的研究，开始进行自身评价机制的研究，分析系统的安全性及可靠性，通过全过程分析，最大限度规避损失。

1964年，美国道（DOW）化学公司在不断改进提高的过程中首创指数法。指数法在20世纪70年代以后受到国际上的广泛重视。该方法用于对化工装置所具有的安全性进行评价，目前该评价机制已经进行了6次修订，于1993年做了再次修正。这一标准在实施的过程中，以单元重要危险物质标准状态的危险潜能作为判断的基础，例如火灾、爆炸等。此外，在工艺实施过程中，也要对其危险性进行考量，然后进行单元火灾、爆炸指数（F&EI）的计算，并结合该指数来判断危险等级，进而有针对性地设置安全应对举措，将危险控制在可控范围内。随着这一评价方法的发展及完善，工业界对这一方法的应用日渐普遍，各国也对此做了很多的研究。1974年，英国帝国化学公司（ICI）蒙德（Mond）部在对毒性概念进行研究的过程中，对美国道化学公司的评价方法做了参考，设计了"蒙德火灾、爆炸、毒性指标评价法"。美国原子能委员会结合核电站的风险性发表了《核电站风险报告》（WASH-1400），这一影响力巨大的文件，实际上并没有真正以核事故为参照，但是却在此后的核电站事故之中被证明是极为有效的。日本建立了综合性的评估方法体系，在规划及设计阶段有效地保证了化工厂的安全。

在安全文化评价有关内容的发展中，在事故预防尤其是重特大恶性事故预防发展方面，获得了非常好的成效，很多国家及企业都在这方面投入了大量资金。1974年的《核电站风险报告》就是70人·年持续工作的结果，这一报告的形成消耗了300万美元，这一资金量等同于建设一座1000 MW核电站所需资金的百分之一。结合相关统计，美国公司为了更好地推进风险专业评价，引入了3000多名职员。此外，美国及加拿大等国都设置了50多家"安全文化评价咨询公司"，专门负责安全文化评价，这些公司目前的业务量都是比较大的。很多工业发达国家在发展过程中，都会结合安全文化评价来选择工厂的地址、系统以及工艺，以规避各种事故，这对于最终的应急效果有着积极影响，可以让各种应急计划得到较好的实施。最近几年，各国在发展中都出现了不同的情况，这些不同的情况对安全文化建设提出了不一样的要求，为了让这些工作得到更好的推动，各国都开始有针对性地开发各种软件包。这些软件包涉及的内容是非常多的，对于各种风险节点的识别以及具体的处置措施都能够提供有效的支持，帮助处理者及管理者更好地决策，更高效地推进相关工作。随着信息技术及智能化技术的快速发展，软件的管理水平在不断提高，很多新软件陆续出现。通过使用安全文化评价软件，人们能够更快速地找到事故出现的核心原因，从根本上了解事故发生的主要影响因素，从而规避各种风险。

此外，安全文化评价指标预期权重在选择的过程中也会受到多种因素的影响，例如生产者、安全管理技术、社会文化背景等。因此，无论是哪种评价方法，本身都有其优势，但也有其不足。在定性评价法应用的过程中，经济学中所有研究的前提假设是市场中的人都是理性的，是在各种条件下追求最大化利益的理性经济人。但是在市场活动及管理活动中，参与者都面临市场的不确定性和风险，参与者之间掌握的信息是不对称的，所以信息优势方会凭借自身的信息资源向交易对手隐藏部分信息，从而影响交易对手的决策，获取自身利益最大化。使用美国道化学公司设计的火灾、爆炸危险指数评价法能够更好地推进安全文化建设，在具体的应用和管理中，可以对这些装置出现火灾、爆炸性危险等情况进行规划和分析，形成了较好效果，但是在选择指标及确定参数的过程中还有一些不足。在应用概率风险评价法的过程中，结合人机系统的相关探究可以确定研究的基本前提，还可以更好地管理其中的元部件及子系统，但是要达到预定的目标，最重要的就是要确定有效的资料和数据，建立与实际情况相匹配的事故伤害模型。定量安全文化评价法在具体的使用中可以得到优化和进一步的发展，还需要各种事故后果模型及经济损失评价法的支持。此外，要保证研究的准确性，还要确定可以体现事故对生态环境、人的行为安全等的影响的评价法和具体的风险评价标准等内容。

20世纪70年代，全世界出现了很多风险性事件，例如火灾、毒气泄漏等。例如，1974年，英国夫利克斯保罗化工厂发生爆炸，此次事件是环己烷蒸气爆炸事故，共导致109人受伤，29人死亡，同时还造成了超过700万美元的损失；1975年，荷兰溢价矿业企业发生了非常严重的有毒气体泄漏事件，此次事件导致14人死亡，106人身体健康受到损害，很多设备都被破坏掉了；1978年，巴塞罗那通往巴莱西亚的道路上发生了一起丙烷槽车充装超量导致的爆炸性事件，由于事件地点距离景区非常近，且恰逢景区经营旺季，超过800人正在度假，因此此次火灾引发的烈火浓烟导致了150人死亡，120多人受伤，100多辆汽车在烈火之中被烧毁，非常多的物品在此次事件中受到了损毁；1984年，墨西哥处于营业中的议价油气公司突然发生爆炸，导致死伤近5000人，还有将近1000人处于失踪状态，这一机构的各种设施都被炸毁；1988年，英国北海石油平台因为在管理之中的不当操作，出现了压缩间泄漏的情况，最终造成了160多人死亡，这次事件导致该油田产量缩减12%；1984年年底，印度博帕尔农药厂泄漏的毒性气体导致2500多人死亡，超过20万人中毒，这一事件震惊世界。

恶性事故会引发人员重大伤亡及严重的财产损失。因此，世界各国都以立法的方式来对项目推进过程中的安全工作进行管理，将安全文化评价引入项目管理体系，同时制定了关于安全的相关规定。日本规定，各种项目在实施过程中都必须取得劳动基准监督署的事先审查及许可证；美国规定，重要的工程项目无论是在投产阶段还是在竣工阶段，都需要实施安全文化评价；英国规定，如果生产经营单位没有通过安全文化评价，则不能够进行生产活动；国际劳工组织（International Labour Organization，ILO）在制定相关规则的过程中，结合各国的安全文化建设情况落地了很多具体的指南和规则，对各国的安全文化评价都形成了非常有效的指引和帮助，加快了世界安全文化建设的速度；2002年，欧盟在针对化学品发表的白皮书之中，对化学品登记和风险评价都做了具体的规定，并将这些规定作为政府管理的刚性要求。

当前，对于安全性评价业务，各个国家以及各种组织都在积极参与。对安全性评价业务内容展开行业属性的分析可以发现，主要有机械的安全及可靠性分析、核电站的安全及可靠性分析等。世界各国在安全文化评价技术的发展和推广过程中达成了一些共识。基于安全文化评价,在生产环节出现一些风险问题、引发一些安全问题的概率是存在的,针对这些情况必然应该建立起各种安全管理措施,完善相关的技术框架;能够对设备、设施及管理体系在运行过程中的合规性和规范性进行识别和管理;可以针对潜在事故实施定性研究及分析;能够对各种安全法律法规进行充分的了解。安全文化评价技术的广泛应用,可以让新建、扩建及改建等项目得到更高质量的安全管理,这对企业装置管理的安全性有着积极影响。在科技发展的影响下,灰色理论、人工神经网络、计算机专家系统、数据处理系统(Data Processing System,DPS)等先进科学技术方法被广泛应用在系统安全文化评价中。

1.2.2 国内安全文化评价概述

国内学者自 20 世纪 80 年代开始对安全系统进行研究,在我国经济发展中,安全系统对行业的重要作用是毋庸置疑的。随着经济的发展,我国极大地增加了安全方面的研发投入资金。除了政府参与,市民参与的安全性边际也接近极端。通过对国外安全系统的学习和吸收,企业纷纷建立了自己的检查体系,开始结合自己的实际情况进行安全文化评价分析,如事件树分析(Event Tree Analysis,ETA)、保护层分析(Layer of Protection Analysis,LOPA)等。很多生产经营单位在生产班组及岗位操作管理中,都会引入安全检查表及事故树分析法。另外,在安全文化建设市场中,在政企合作意向达成之前,最积极要求获得资格的企业运用自己拥有而政府机构未掌握的某些信息获取项目运作资格,而这些信息有可能会引发政府机构的风险,从而造成政府机构发生代偿,引发项目风险。如果政府机构没有形成一套健全的业务操作制度、风险管理制度和合规制度等,这种风险会引发严重问题。为了规避这种风险,政府机构可采用完善业务制度、通过一些措施提高企业违约成本、选择与风控管理能力较强的企业合作、加入风险分担机制等方式。

1997 年,相关部门颁布了重大危险源辨识(GB 18218-2000)标准:一是在对危险等级进行划分的过程中,引入了 18 种设备和物品的保有量指标,以此来对单位的危险度进行确认;二是在机械工厂安全性评价中引入了非常多的内容,从环境、管理及危险程度等维度展开具体论述,涉及的内容大多是与安全管理绩

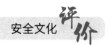

效相关的，在实施过程中以安全检查表为主要工具，在评价过程中以打分的方式来形成结论。

在美国道化学公司设计的火灾、爆炸危险指数评价法的基础上，此前的劳动保护部门也结合化工厂的具体情况设计了专门的危险度划分法。在具体的研究中，涉及的危险指数是非常多的，这些指数覆盖了设备、环境及人员等各方面的要素。化工厂结合企业的现状确定了固定的危险指数，从而确定了具体的危险等级。

目前我国已经有超过 1000 家企业引入了这一标准，企业结合这一标准中的具体规定，确立了不同的工作危险等级，同时在各种管理工作中进行应用，然后结合这些方法来展开评价，形成了比较好的效果。另外，我国针对安全文化评价还颁布了很多指导文件，这些文件都对我国企业的管理工作产生了非常好的影响，最终的成效是非常理想的，对安全文化管理也形成了较大的推动作用。

在一个经济社会中，管理实现一般均衡，并且资源配置实现帕累托最优状态存在相关前提包含：参与主体具备完全理性、信息完全传递、存在完全竞争、参与主体能够理性处理各种影响因素等。显然这种完全竞争的市场在现实生活中是不现实的，因此经济学家提出了市场失灵理论：当市场机制无法发挥应有作用时，就很难达到资源配置最优的目的，此时市场调节机制就会失效，需要政府来加以干预，调整资源配置。此前，安全管理都是事后管理，安全文化评价是在事故出现后，人对后果进行控制的主观能动性评价。固有危险性评价反映的是事物本身的特性和生产过程中的危险性，包括危险单元内外涉及的各种因素。在具体的评价过程中，固有危险性评价可以细分为事故易发性及严重度评价。事故易发性会受到危险物质事故易发性和工艺危险性两种因素耦合关系的影响。政府参与资源配置，弥补市场不足，运用自身的信用为企业提供支持，建立政府机构、活动参与企业和民众三方权责对等、风险共担共管机制，增强民众及企业参与安全文化建设的意愿。这让我国安全文化评价工作逐渐迈入了定量研究的阶段。

同时，在工程建设之中，随着"三同时"政策的落地，安全预评价工作也得到了更为深入的发展。1988 年，国内很多引入了"三同时"标准的项目开始结合原劳动部〔1988〕48 号文的要求，结合国外安全性方面的各种评价方法，构建安全预评价机制。1996 年，原劳动部规定了六类必须要展开安全卫生预评价工作的项目。预评价即结合项目可行性报告，采用科学的方式展开项目危险性管理，识别出多个方面的问题和节点，有针对性地设计有效的措施和技术手段，以此为建设及设计过程中安全技术设计和安全、监管管理的依据。在这一文件发布的同时，原劳动部还发布了多个号令，并落地了很多指导方针和文件，让预评价的流程、单位资质、大纲及核心内容等都有了具体的依据，有效地推进了项目安全预评价工作的进行。入世后，我国开始逐渐建立与国际相一致的评价标准，而在新的社会评价需求、新的政府决策需求之下，安全文化评价及涉及安全文化评价的各方面的服务需求都产生了很多新的变化。

随着我国各项经济政策落地，我国的生产能力大大提高，无论是经济发展质量还是综合影响力都在持续提升，特别是在经济建设领域，成果更是喜人。但是，在经济持续发展的同时，安全事故发生的数量和频率也在不断增加，这让民众的生命财产安全受到了巨大的威胁，同时也严重影响了社会的稳定及和谐发展。因此，在安全建设中切实推进安全文化不仅仅关系着企业的发展，更与广大民众的利益紧密相关，对社会稳定发展更是有着直接的影响。因此，从党中央、国务院到各级地方政府，都对安全非常关注，都采取了多种措施来确保安全。近年来，我国各地区落地了非常多的安全法律法规，例如《中华人民共和国安全生产法》《安全生产许可证条例》等。围绕《中华人民共和国安全生产法》的具体要求，我国各地区制定了很多安全工作法律法规，这些法律法规也逐渐形成了我国安全方面的基本法律框架，规定了生产、储存危险化学品的企业，要委托合规的机构对三年以上安全生产单位进行资质检查，并出具准确的评价报告，并将安全文化评价报告及整改方案向政府部门进行备案；在港区中进行危险化学品储存的企业，也应该向港口行政管理部门提交安全文化评价报告及改进方案的备案申请。随着我国生产法及危险品条例的落地，国内安全文化评价工作实现了跨越式发展。

各级政府针对安全管理出台的各项制度和考核指标缺乏对风险管理的考核，多侧重在经济发展、社会贡献等方面，风险导向不明确，制度的设计促使安全参与人员对绩效指标的重视度要高于风险管理。通过安全文化评价培训班及专项培训班的从业者和获得了相关资格的人员及组织，能够有资格参与安全文化评价工作。这让安全文化评价工作更为规范，执业者素质也有了较大提高，让安全文化评价工作具备了技术和标准方面的可靠支持。

当前，越来越多的企业都制定并实行了安全文化评价机制，安全文化评价促进了各行各业的安全生产。在法律强制性要求下，很多企业为了做好安全生产工作，会主动规避风险，进行安全文化评价，并将其作为日常管理的重要内容。结合安全生产特点，政府开始全面加快安全生产风险管理，在企业中建立安全文化评价的周期性制度，以此来监管高风险行业。政府对企业安全文化评价是高度支持的，并将分析结果作为政府安全生产监管的重要参照。同时，安全文化评价人员通过持续学习，极大提升了安全管理及评价的整体能力。在安全文化评价领域，各种数据库及软件的出现，为该行业的持续发展注入了科技活力。

1.2.3　国外安全文化评价现状

1. 对企业安全文化概述的研究

Pidgeon（1991，1998）在阐述安全文化时提出，这一概念是指对管理层、职工、客户及社会损害进行控制、降低的行为准则、安全素养和行为要求的总和。Wiegmann（2002）认为企业及组织的成员对安全文化关注度不足。International Nuclear Safety Advisory Group（1991）指出，一般情况下，安全管理中出现风险的概率是持续增加的，受风险概率的影响，在前期管理中对风险的关注度相对较低，把风险管理的重点更多放在事后控制上；加上风险宣导不到位，很多参与者忽略风险管理，风险甄别能力较弱，增加了发生安全风险的隐患，不利于安全文化的高质量发展。

Cox S 和 Cox T（1991）提出，安全文化即职工共同的安全认知，包括安全风险出现后的应对方案。Confederation of British Industry（1991）提出，安全风险管理机制的不健全首先体现在相关部门对年度信用风险管理缺乏规划和目标，信用风险管理的任务主要体现在完成上级部门设定的年度考核目标上。Ostrom 等（1993）认为安全部门未对风险管理进行细化，导致安全风险管理方向不清晰、工作落实不到位。Advisory Committee on the Safety of Nuclear Installations（1993）提出风险发生时存在前台、中台部门互相推诿，对安全风险项目剖析不到位，风险处置效率低下等情形，需要设立风险管理委员会对安全风险进行统筹管理。Berends（1996）提出，在安全管理中，风险处置和追偿手段单一，目前主要采取行政处罚的方式进行处理，对违规者的约束力不足。Ciavarelli 和 Figlock（1996）提出，安全文化对组织决策会产生极大的影响，其内容包括价值观、信念、行为要求及行为后果等，个体的认知也会极大影响安全文化建设的效果。

　　Pidgeon（1997）认为安全文化除了覆盖各种现实状况之外，还包括一些预想的内容。Helmreich 和 Merritt（1998）提出安全文化是对所有成员进行引导的安全态度，是所有成员共同遵守的行为准则，也是所有成员要秉承的安全工作态度。Carroll（1998）指出安全文化建设现阶段的参与人员及相关部门普遍存在风险处置经验不足，难以给出及时可行的风险处置意见。Mearns 等（1998）认为如果设立风险管理委员会可将各有所长的人员集聚，从不同角度进行风险剖析，设置更完善、更合理的风险处置方案，丰富风险处置追偿手段，维护安全文化参与者权益。

　　Cooper（1998）指出安全文化存在对个体、组织有直接影响的整体特征。Flin 等（1998）认为安全文化是群体成员形成的关于安全的固有态度及认知。Kennedy 和 kirwan（1998）认为目前的安全文化建设绩效考核制度中，绩效考核与业绩挂钩，未体现风险导向，风险管理上的惩罚成本较低，变相提高了风险容忍度。Minerals Council of Australia（1999）认为安全文化包括组织安全行为准则的制定和执行，也包括成员对这些内容的认知。

　　Guldenmund（2000）提出，安全文化认知即组织、个体等面对风险所做出的应对等。Glendon 和 Stanton（2000）在研究中表示，安全文化包括行为规范、工作态度、安全价值观、责任感等内容。Hale（2000）提出安全文化是团体安全态度、任职要求、工作态度、风险防范过程中的行为准则和处理方式。Wiegmann 等（2002）提出安全文化是组织管理之中，所有员工对员工及组织安全形成的持续性态度及认知。O'Toole（2002）认为组织文化之中应该引入安全文化的内容，且要将其作为重点。Reason 和 Hobbs（2003）指出安全文化是组织管理中非常关键的载体和支持，在独特的环境中，可以非常明显地体现组织的各种战略目标，在员工工作态度及行为理念方面也有较好的体现。Reiman 和 Oedewald（2004）认为安全文化是与安全相关的所有内容，例如安全认知和安全态度等。Institute of Nuclear Power Operations（2004）指出安全文化对于组织而言是由管理者来推动的，由成员进行内化而执行的各种理念及准则，是各种内容中存在的第一选择。

　　Richter 和 Koch（2004）认为依据各种安全文化的基本理念，员工可以避免在工作中出现一些问题，也能够避免各种风险，安全文化包括关于安全的价值认知、态度及经验。Patankar 等（2005）指出安全文化是能够影响行为者态度及行为的工作环境及环境心理。Fang 等（2006）指出与业绩挂钩的绩效考核制度使安全管理人员把主要精力放在日常工作中，而忽略风险管控，降低工作要求，对错误容忍度较高。Díaz-Cabrera 等（2008）认为中后台人员在评审过程中存在不认真评审、忽略风险、工作积极性不高等负面情况。US Department of Transportation（2007）指出安全管理部门在风险控制管理上没有明确的正向奖励机制和负面惩戒机制，对人员未形成行为底线的制约，在顶层设计上未重视风险控制管理，存在制度的缺失。Fernández-Muñiz 等（2007）指出安全管理部门作为安全风险防控的第一道防线，比较强势，自由裁量权较大，管理人员从事安全文化建设年限较短，业务能力参差不齐。NORA Construction Sector Council（2008）提出当安全文化建设出现风险时，基本是基层人员在处理，风险出现的主要原因是风险预警不及时，未及时与风险部门进行沟通。Civil Air Navigation Services Organization（2008）指出安全文化是组织中所有成员面对风险时的共同认知及应对措施。Healthcare and Social Assistance Sector Council（2009）指出安全文化是组织展开安全管理过程中的态度、规则、理念和价值观。

Antonsen（2009）指出安全文化是组织中所有成员在安全态度、价值观和行为准则方面的共识。Piers，Montijn 和 Balk（2009）提出安全文化是组织中的成员在安全方面的长期认知、观念和态度。Patankar 和 Sabin（2010）指出安全文化不仅涉及个体绩效，与企业的长远发展也有重要联系。Nævestad（2010）提出，安全文化是组织中所有成员在认知方面的共识，可以增强员工对安全的理解，强化他们的风险意识。Safety Council（2011）认为评审与风险管理部门在安全管理部门中独立性较弱，部门效能未能有效发挥，部门初审更多在于形式审查，风险管理缺乏系统指引，工作重点偏事中和事后环节，风险前置管理不到位。International Civil Aviation Organization（2013）指出安全文化涉及组织成员对公众安全所秉承的认知和原则，对参与者行为有着决定性影响。

Morrow S L（2014）提出安全文化包括应对安全风险的所有措施。安全文化对组织的正常运行、对各种信息的传递都有着重要的影响，同时对组织成员也有着极大的影响。Henriqson 等（2014）指出安全文化与风险以及成员的安全态度、理念、规范和行为有着直接联系，是这些内容的总和。Strauch B（2015）提出对于组织成员而言，安全文化是核心精神载体，对员工在组织工作过程中的理想、信念和认同感有着决定性影响。

2. 对企业安全文化评价的研究

Farhan Alshammari 等（2019）结合煤矿调研数据及各种方法，通过"发现—分析—解决"的思路，构建了煤矿安全文化评价指标体系，涉及生产、安全、供给及信息等多个维度。Assia Boughaba 等（2019）对企业安全文化做了调查，发现安全文化对企业有着极大的影响。Abu-El-Noor Nasser Ibrahim 等（2019）在研究过程中，结合煤炭企业的实际情况展开了二元语义信息处理方法的研究，构建了专门的安全文化评价指标体系。他们具体阐述了二元语义的内容，结合煤矿企业的实际情况构建了安全系统评估标准，立足具体的调查来展开煤矿安全性评估。Hamidreza Mokarami 等（2019）从油田班组现状切入展开研究，在具体的研究过程中，以 SMART 准则和行业标准为依据，以初选目标分级的形式对油田班组安全文化系统展开评估，然后验证了具体的效果和普及度，最后结合系统的具体情况展开了实践测试。Odell David 等（2019）在研究过程中，结合煤矿文化的具体情况，构建了安全文化评价模型，其中包括安全投入、安全系统、风险防控、监控体系等 10 个具体指标。

Mohamed Merhi 等（2019）指出安全评估是识别隐患节点的重要手段，在安全评估中可以通过测试数据来评估和区分安全隐患；此外，加强安全文化建设可以让员工形成更高的安全意识，规避各种风险。Gambashidze Nikoloz 等（2019）对企业安全性评估的现状和不足做了分析，阐述了安全文化的性质和意义，提出企业应该从安全文化这一核心入手，打造具有针对性的安全管理系统；他们还表示，在系统管理之中，应该关注安全评估效果。Filek Richard 等（2019）通过案例分析，从企业战略角度阐述了安全文化的地位；他们还提出，安全文化建设评估工作应该是综合性的系统活动。

Bhebhe Sithulisiwe 等（2019）通过具体的调研工作确定了安全的重要性；此后，他们结合各种数据，阐述了安全风险的核心原因，从各方面对安全的相关机制做了分析，提出了增强安全的具体方案。Li Yue 等（2019）在具体的研究过程中，从系统安全层面切入，全面展开海运安全探究，结合各种现实问题阐述了应对措

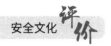

施。Soyoung Jung 等（2019）指出在企业管理中，要全面推进"企业安全文化促进计划"（ESCPP）。ESCPP 是能够全面推进企业安全文化持续发展的方法性系统。Adolfo Cris（2019）认为合规部门更多在于"形式审查"，主要侧重于审查手续是否正确、资料是否齐全，缺乏实质审查。作为第三道防线的安全监管部门，因为内部审计人员主要是部门内部人员，有时碍于情面，在一些问题揭示上不够一针见血，弱化了监管的功能。三道防线的职责不清在一定程度上使安全管理中的风险管理产生隐患。Okuyama Julia Hiromi Hori 等（2019）在阐述中，聚焦核电安全，提出评审与风险管理部门作用不突出、未出台评审规则和评审指引、缺乏评审标准等问题。

3. 对企业安全文化机理的研究

Staines Anthony 等（2019）在安全文化研究的过程中，识别出了企业在这方面存在的问题，认为企业存在安全文化认知不足、资金投入不足等问题。基于此，他们构建了安全文化评价指标，引入了结构方程模型，针对企业安全文化的作用机理进行验证，明确了安全文化的直接、间接作用，提出了新的分析模型。Faridah Setyowati Ida（2019）在分析安全文化作用机理的过程中，从情感因素角度切入，然后结合一线企业的调研情况提出，在企业安全文化管理之中，情感因素的影响是极大的。他在构建了指标体系后，以层次分析法对指标赋权，之后结合案例信息，使用 TOPSIS 方法提出了相关结论。Victor Rosso 等（2019）在分析过程中，结合企业的各种管理模式，对企业安全文化理念的形成及发展进行整合梳理，阐述了安全文化的核心内容。O'Donovan Roisin 等（2019）在研究中，从组织层面切入阐述了安全文化激励，对安全文化定义做了主成分分析，提出在安全文化管理中，企业要关注这些激励因素。Heckemann Birgit 等（2019）对大众求知心理及审美理念做了综合分析，提出了 16 个指标及指标评估方法。

Teigné Delphine 等（2019）从个体情感性角度分析了个体安全需求的基本内容，将个体情感性安全需求细分为爱与被爱等维度，并结合心理学对安全文化做了相关论述，从心理方面对安全文化进行归纳，研究相关的性质与作用。Tor-Olav Nævestad 等（2019）分析了企业安全文化的相关内容，进而探究了安全绩效的度量机制。Ling-Na Kong 等（2019）认为评审维度与安全文化发展不匹配，目前的评审主要集中在单个项目上，评审范围应逐步扩大，包括对方案、合作机构的评审，充分发挥评审作用，要在社会体系整体框架下来探究安全文化的内容。Richards Tara 等（2023）对宏观、中观及微观因素进行了综合分析，对目前校园安全问题做了分析，提出在校园中要设置良好机制来保障安全的建议。

4. 对企业安全文化模型的研究

当前，学者们提出：在管理中，管理模型对最终预期的达成有着直接性影响（1996）。卡内基·梅隆大学软件工程研究所（SEI）设计了过程能力模型（CMM）（1995）。此后，很多国家及企业都开始从多个角度进行 CMM 研究及对象管理认知系统开发，结合各种评估标准和要求设计模型。当前应用较多的 CMM 非常多，例如 K-PMMM（2004）、OPM3（2001）和 PMS-PMMM（2003）等。Pidgeon（1991）认为安全文化程度是安全信念、态度及个体身份认知的集合，可以有效控制各种安全风险。Kwon 等（2013）提出企业安全管理中，员工不可或缺，在安全文化教育中，应该关注员工的需求，帮助员工形成具有创造性的安全文化环境。

1.2.4　国内安全文化评价现状

1. 对企业安全文化概述的研究

陈沅江等（2007）的研究是从企业角度切入的，结合企业的研究提取了 10 个安全文化指标，从企业领导、员工及组织文化等多个角度构建了安全文化评价模型，建立了多层次评价机制。郝东灵（2008）认为这种针对安全文化建设的事后管理方式虽然减轻了安全管理部门的工作压力，但存在管理反馈不及时、信息不对称等问题，易造成风险信息的遗漏，从而降低风险把控，增加风险概率，存在风险漏洞。徐应芬（2008）立足典型航空公司的调研来了解公司安全文化管理的具体情况，他通过调查问卷对航空公司的问题进行识别，并有针对性地提出了应对措施。王璐（2008）在研究中，对煤矿安全文化的建设情况做了分析，他希望立足这些措施引导员工形成健康积极的安全价值观和安全行为习惯。

王亦虹等（2008）结合安全文化评价的基本框架，指出断裂的信息化建设会影响安全与全省科技担保体系、科技部门、金融机构等的数据基础，既无法减弱信息不对称带来的负面作用，又无法提高工作效率。北京中关村早期已建立区内科技数据库，运用掌握的数据对安全文化建设参与者进行信用画像，对参与者展开评价。宋新明等（2009）认为安全文化管理中，事后管理有着巨大的工作量，目前的事后管理多采取抽查、依托第三方部门给出结果等方式，交管部门自身未建立一套风险预警模型、风险数据信息库，安全管理部门难以及时主动获取信息。肖东生（2010）在研究的过程中，从核电站的具体情况入手，对核电站的文化特点做了研究，构建了具体的指标评价体系，以层次法为不同指标进行赋权，确定了一二级指标权重。他以 A 核电站为具体对象实施了模糊评价分析，形成了该核电站安全文化水平评价结论。

马文章等（2009）提出构建煤矿安全文化评价体系的过程中，要从理念、方法、内容等角度进行创新，通过实证分析和事件调查来拓展研究内容。赵徽（2010）在研究的过程中从安全文化及行为关系入手，针对电网企业展开研究，提出这些企业的信息化更多借助于科技机构的企业名单和银行的大数据模型进行开展，本身将信息转化为数据的力量薄弱，亦未建立准入模型和担保模型，缺乏信息管理和使用的主动权。马云歌（2019）指出烟草企业现有的业务量已经比较庞大了，缺乏系统科学的信用风险管理评价指标体系，对现有的数据样本无法自动进行数据汇总和分析，对于调整业务结构、发现管理短板等方面不能起到很好的数据提醒和支撑。陈梓莉（2018）认为空管现有的风险分担存在最大的风险点即政策的可持续性，与地方政府合作的风险分担机制一般会设定政策有效期，一旦超过政策有效期，政策的导向和可持续性都会发生变化，对此他展开了层次法分析。

2. 对企业安全文化评价的研究

余利先等（2004）在研究的过程中提出健康的风险管理是贯穿全流程、全员参加的，从上到下各负其责，不能把风险的责任都压在一线工作人员身上，中层及领导也要担负风险管理的责任和义务，做好明确的年度风险管理规划，确保年度风险管理目标的实现。他们在研究中从安全技术及监管权配置等角度进行分析，从安全文化及危险整改等角度提出了应对措施。田元福（2005）在研究中从安全现状入手，分析了安全系统工程的各种问题，构建了对安全事故原因进行诊断的技术体系，提出客运安全管理运行过程中的问题及对策，深入研究了安全管理体制的组成模型。贾彬（2016）在研究中对安全管理体制的理论及影响因素做了整体性分析，创建了新的客运安全管理体制，并对组织运作过程中的安全监管机制进行总结。

张玉（2004）在研究的过程中，结合多个学科，例如文化学、社会学、哲学、管理学、土木工程学等，论述了安全文化的内容。他具体论述了安全文化的基本要求和内容，提出应当建立全面风险管理文化，将风险管理的理念、技术、方法和手段应用于管理各环节，覆盖运营各板块、各流程和操作的各层面，实现闭环运行，通过有效的方法和措施，逐步建立和完善系统化、制度化、具体化的全面风险管理体系。此外，对人的情感、观念、技术等因素也要进行综合考量。

宋轶群（2005）结合福建省的具体情况，分析了安全的相关问题，他在研究中对福建省厅的人员格局、安全管理职责等都做了进一步的梳理，以目标理论为依据，帮助部门形成了更为明确的安全管理目标。方东平（2005）在研究过程中，以施工企业作为分析对象，对行业之中的安全文化概念进行阐述。他在研究中结合施工企业的实际情况分析了这些企业的安全文化特征，提出施工企业多数都是民营企业，对这些企业的安全文化管理应该高度关注的建议。首先，他总结了国内外安全文化建设的关键，之后对国内安全建设方面的相关安全文化进行层次分析，创建了独立的运行模型，结合国内多数企业的实际情况设计了比较完善的安全文化评估标准。其次，他结合各种实例实施了定量及定性分析相结合的层次分析法（Analytic Hierarchy Process, AHP），对安全文化轻重做了细分。最后，他总结了企业安全文化方案落地后的相关情况。

王森（2005）在研究过程中，从核电企业层面做了深入的研究，将安全文化的内容细分为九个板块，包括安全监管、场所监管、任职监管、成本调控等。马英楠（2005）在研究中，结合国际安全社区创建的相关情况，从安全意识和安全社区层面梳理了安全文化的发展情况，识别出国内安全社区中存在的严重问题。黄宁强（2005）在研究中，聚焦企业安全文化问题，从多个角度对OHSMS 模式的应用情况进行了分析，还分析了该系统与传统安全管理模式的兼容性，与企业安全文化的互利性，对企业的推动作用。同时，他对该系统的建设路径做了梳理，对其初始状态做了相关分析，认为应该由交管部门统筹部署年度风险机制建设，明确风险管理核心内容，由相关部门具体执行风险文化建设工作，管理层应该在建设中起表率带头作用，促进工作人员认同企业文化，增强风险管理主动性。

游旭群等（2005）提出了国际版飞行管理态度调查量表（FMAQ2.0），在研究后他们针对国内航线在运行中出现的安全问题提出了安全文化建设意见，对其实用值加以判断和评估。王葳（2006）在校园安全管理方面做了很多研究，对香港大学的一些安全管理方法进行研究，探究校园安全环境建设的问题，找寻规避校园安全问题的具体路径。陈金国等（2005）在研究过程中，以平衡计分卡作为核心依据，分析了安全文化方面的相关内容，同时结合具体情况打造了专门的指标管理体系，从灰色系统法入手展开研究。李秀峰（2006）在研究中引入了多种文献资料，然后从概念和定义层面展开分析，做了概念及理论的系统性论述。他从规避事故这一目标出发系统地分析了相关内容，并提出了安全文化构建的基本路径。

周渝岚（2006）对国内外的研究现状做了梳理，认为在管理中要加强风险管理文化的培训和灌输，在新员工的入岗培训中加入风险管理方面的培训，可通过邀请外部专业人士、播放纪录片等方式定期面向全员开展风险管理文化培训，部门可通过岗位练兵、学习制度等措施强化一线工作人员的风险意识，不断强调安全第一、合法合规等意识，拧紧风险的安全阀，使员工养成风险管理的自觉性，在工作中践行风险管理理念。同时他也明确提出石油企业安全文化建设中的不足，并制定了应对方案。王玉玲（2006）对有关原理进行研究后，对国内外安全文化的各种因素做了总结，确定了安全文化管理的整体架构，同时也确定了其中的子系统。此外，他在分析中，针对这十个系统运用了主成分分析法，使用这一方法可以比较客观地识别企业安全文化的特点，他立足这一方法对企业的具体情况做了具体分析。马广平（2006）结合电力企业的相关情况，依据安全文化理论、科技理论、管理及心理学理论等进行了安全环境分析，对电力企业展开了多角度研究，提出要深入分析风险项目和风险处理方式，寻找风险管理的薄弱点，持续完善风险管理；要提高全员的风险敏感度和认知度，尤其是对于尚未经历风险的人员来说，这是一个很好的认识风险的途径；要提前储备风险管理的知识和技能，牢固树立风险意识。

杨秀莉等（2006）在探究企业文化及安全文化的过程中，对比了二者的性质差异，提出在企业文化中，企业软环境是最主要的内容，而安全文化则需要基于物质条件来展现，因此二者在形象方面有一致性也有差异性。赵丽艳（2006）在研究过程中，深入分析了安全文化理论，对施工企业安全文化的各种问题做了总结，结合施工企业基本的安全文化特征做了重点内容分析，并从四个维度对施工企业的安全文化建设展开深入探究。邵祖峰（2006）在探究中，结合安全的具体情况，深入研究了企业文化的内容，提出安全是系统性工程，涉及非常大的范围，对此我们应该给予其全面广泛的关注。吴俊勇等（2006）结合电力企业实施安全文化概念研究，结合电力企业各种情况实施安全文化评估，在信息库及神经网络体系层面，打造与实际情况相匹配的安全文化评估专家系统。司马俊杰等（2006）在对企业文化目标展开综合研究的过程中，总结了安全文化的概念，提出企业安全文化管理是极为重要的，不仅对企业效益存在重大影响，还对企业形象有着极大的影响。

陈维民（2006）在研究中，结合风险控制方面的各种理论研究了高危企业的有关内容，提出了安全文化建设的基本准则。在具体的研究过程中，他结合神华集团的具体情况构建了专门的安全文化评价指标体系，评价了该集团的安全文化水平。贺兴容（2006）在研究中梳理了供电企业现有的安全管理问题，总结了安全文化理念，然后阐述了供电企业安全文化构建的基本路线，进而提出了供电企业安全文化领域的相关评价方法。吴有胜（2006）在阐述电力企业发展情况的过程中，评述了企业安全文化方面的有关问题，结合电力企业安全文化管理系统做了分析。陈明利（2007）在电力企业的研究中，以模糊综合评价法研究了安全文化评价体系，希望能够为电力企业安全文化评价开辟新的思路。夏滨（2007）梳理安全文化概念之后，对安全文化评价指标及案例做了层次分析和模糊评价。焦晓佑等（2007）结合核电安全文化的实际情况，提出了科学评价方法，同时结合安全文化的基本情况，论述了安全文化建设的基本原则，从各个层面对安全文化做了探究。谢荷锋等（2007）在探究过程中，从安全文化基本构思、测量方法、评价技术及模式等方面进行分析，梳理国内外企业安全文化的具体情况，提出国内该领域面临的主要问题。他们的研究为国内安全文化领域的研究提供了重要的资料，极大地促进了国内安全文化建设工作的发展。此外，他们在具体的分析中，遵循 SMART 原则，设置了 18 个评估标准，从 5 个角度进行分析，立足 3 个测量维度构建了安全文化评估指标体系。在确立了指标体系之后，他们提出科学合

理的风险管理体系是风险管理的基础，风险管理的运行离不开基础的扎实，要建立健全风险管理体系，建成相对健全的信用风险组织管理架构、制度体系、人才保障、监督评价等，明确各个岗位的职责及岗位制衡，才能够形成较好的效果。他们在研究了指标体系后，对比了指标之间的重要性水平，最终确定了企业的安全文化体系，形成了安全文化评估结论。

李山汀（2007）认为应该构建岗位职责不相容机制和权责制衡机制，确保所有的环节都具有较高的独立性，制定内控管理办法，分解落实工作任务，压实各部门的内控职责，梳理内控组织架构，明确岗位职责和权限，对不同岗位的风险节点进行覆盖，在实际工作中落实全面风险管理。王胜美等（2007）认为安全文化的内容应该从机器学习的角度进行分析，要结合企业的整体情况展开研究。陈坤（2007）在研究中结合水泥行业的发展情况构建了安全文化指标体系，以熵权法展开指标权重的分析，并结合案例总结分析了水泥行业安全文化建设的具体内容和路径。徐刚等（2007）在企业安全文化评估的过程中，以三角模糊法对企业安全文化展开评估分析，创建了具体的评估机制。

王永敏（2007）立足文献调研及理论研究等众多方法，对铁路安全的情况展开了深入的研究和分析，然后在调研信息的支持下，对国内铁路安全文化建设中的不足进行了归纳总结。王亦虹（2007）认为在安全管理中应该制定安全风险管理工作指引，已经出台《尽职调查工作指引》，在安全风险管理环节可继续制定《评审工作指引》《风险代偿指引》《风险管理指引》等具体实操性制度，进一步细化风险管理要求，同时应完善尽职免责、薪酬绩效考核等配套制度，将安全风险管理通过制度形式贯穿风险全流程，使风险管理与业务责任、绩效考核相关联，提高风险管理的重要度。夏立明等（2007）结合具体情况对数据做了分析，立足因素重构及主成分分析等方法对相关内容做了总结。因为企业文化评估模型本身有着约束数据，所以需要结合实用指标来建立指标体系，以实证案例来论证系统的合理性。任芳芳（2008）认为绩效考核机制是一把利剑，合理的绩效考核机制可以比较全面地反映安全管理水平，起到正向的激励作用。她结合中石化的具体情况展开安全文化分析，并有针对性地提出了应对建议。李志波（2008）在研究的过程中，从企业安全文化建设角度切入，认为企业安全文化系统在建设及发展过程中，要从多个角度进行推进。

3. 对企业安全文化机理的研究

王丹（2009）在具体的研究过程中，从煤矿安全的具体情况出发，构建了博弈模型、经济效益模型、计量经济模型。基于这些模型，他对煤矿安全管理方面的精细化运作机制做了深入的研究。胡进（2009）在安全文化研究过程中，以各种文献为依据，结合调查问卷及访谈的内容，对企业整个流程的安全文化建设工作做了梳理和分析，对其中的问题点进行识别，然后对安全文化中不同因素的关系做了梳理和总结，进而结合灰色评价法展开企业安全文化评估。林柏泉等（2009）认为煤炭行业要逐步建立以风险管理为导向的考核分配机制，根据经风险调整的业绩科学调配资源，降低资源在业务中的比重，增加风险占比，从考核机制上引导全员树立风险管理意识。

党璐璐（2009）在企业安全文化相关文献的研究过程中，发现大多数文献在研究企业发展过程时，从单一生物学角度展开分析，或者从单一生态学视角进行分析，对于能源企业主要进行宏观层面的研究。何刚（2009）在研究中总结了各种煤矿事故，在参考部分安全文化管理打分模型、科技型企业评价指标以及近年来积累的安全文化参与样本数据的基础上，按照科学性、科技性、可操作性的原则，展开定性研究和定量研究，最终建立了指标层次权重图。基于这一图表，我们可以较好地找出国内煤矿事故出现的核心原因。杨利峰（2018）在研究过程中从煤矿安全心理生态概念角度入手，结合"生态"健康做了普适性、安全性及安全性指标分析，进而从人文环境及安全目标等维度做了具体分析。代伟等（2018）结合煤矿企业安全文化建设的具体情况，阐述了安全软实力的基本理念，同时从员工视角进行分析，并对实际情况做了调研，确立了煤矿安全影响机制。雷林等（2017）认为在完成指标赋权后才可以对核电站进行更为安全的管理，提升核电站在安全管理方面的水平及效果，提高安全文化水平。

刘永川等（2017）对国家安全法律法规的有关内容做了分析，梳理了煤矿企业安全的具体情况，同时也总结了煤矿企业安全文化体系此前的建设经验，并从福建煤矿企业实际情况入手构建了独立的安全文化机制。刘凯利等（2017）结合具体的问题搭建了安全文化建设的基本准则框架，结合企业安全文化建设的具体需求构建了灰色聚类评价模型，然后将这一模型应用到了具体的评价活动之中。王秉（2017）为了更好地对组织内的安全文化水平进行评价，从现实出发识别了

不同问题及问题的类型，结合各种研究资料对这些问题展开系统性研究。姚德志等（2017）为了对国内企业安全文化的相关情况进行总结分析，明确研究方向，以文献分析、文本分析等方式提取了近2500篇文献，然后以多种关键词为线索进行Net Draw软件分析，搭建了关键词体系。

4. 对企业安全文化模型的研究

陈梓莉（2018）对国内外文献资料做了梳理，结合航空企业安全文化建设中的相关问题做了概念分析。基于安全文化概念，她构建了面向航空企业的安全文化评价体系，然后基于问卷调查资料，针对结构方程模型展开深入研究。倪冉（2015）在概念梳理阶段，以发展历程为切入点，从五个方面展开安全文化发展阶段的分析，同时在煤矿企业安全文化评价体系建设中，引入了离散HOPFIELD人工神经网络算法，构建了具有可操作性的分析模型，同时结合二维模型对分析模型的有效性做了验证。张帆（2015）在对安全文化模型进行研究的前提下，对地铁安全文化指标机制做了研究，构建了多层级指标体系，并针对不同指标体系设置了定性及定量机制。郑霞忠等（2011）立足现实需求在项目的推进过程中识别出了安全文化建设中的各种问题，进而结合安全文化发展过程中的各种情况，确立了五个阶段的安全文化建设内容。毛玉婷（2011）在研究中，对模型做了优化，然后结合安全文化理论知识做了深入研究，立足监管P-MMM和CMM测评模型展开定向分析，同时从它们的特征性质层面划分了安全文化的不同层面，构建了功能全面、效果较好的安全文化模型。

1.3 安全文化概述

1.3.1 企业安全文化的文化属性

在企业安全文化的概念阐述中，最关键的是要确定概念的文化属性。本文阐述的企业安全文化是狭义范畴的一种安全文化，对这一概念进行研究的过程中，必然要以属性为切入点，然后展开多角度论述。

（1）企业安全文化不是单独的概念，论述过程中涉及很多层面的内容，概念表达也较为抽象，是关于企业安全价值观、风险性方面的认识，这些抽象要素间必然具备特定的连接关系。

（2）企业安全文化具有非常明显的社会遗传属性，传统属性也比较鲜明。同时，人类在生产过程中产生的安全认知具有持续性和连续性，因此安全文化也具有传承性。

（3）安全价值观对于企业安全文化而言是不可或缺的，文化在对其他要素产生作用的过程中，是以价值观为中介进行切入的。

（4）在组织及个体发展的过程中，企业安全文化能够得到持续的优化和发展，形成更为先进和完善的文化体系。

（5）企业安全文化经过总结和提炼可以形成超意识行为的理念，应该关注价值观表达过程中相对抽象的一些符号和公式。

1.3.2　企业安全文化的安全范畴

安全文化属于公共安全的范畴，而企业的各种活动则是生产范畴的行为，本文在研究过程中，以某城市实际情况作为具体案例展开分析，探究在当前的宏观环境中，安全文化建设的动因及后果，并提出积极有效应对安全风险的建议：将安全作为安全文化最核心的内容，同时对相关的安全事项进行关注，例如提高运输活动的安全，加深参与者及其家属对安全的基本理念的认知等。

1.3.3　企业安全文化的企业边界

企业是企业安全文化的主体，企业中的个体或者团队都是主体的有机组成部分，例如企业决策人员、管理人员及基层员工等。因此，对企业安全文化概念进行界定的过程中，企业要作为一个框架载体。

1.3.4　企业安全文化的定义

由相关研究可知，企业安全文化对于公共安全而言非常关键，在生产层面也极为重要，是框架性的存在，其中文化是内核，如图 1.1 所示。

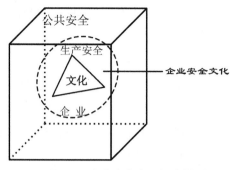

图 1.1　企业安全文化概念模型

　　企业安全文化定义为：被企业组织的员工群体所共享的安全价值观、态度、道德和行为规范组成的统一体。企业安全文化就是围绕企业安全生产而形成的一系列理论，它在企业建设当中有着举足轻重的意义。通过安全文化建设，强化员工安全意识，形成人人讲安全，时时讲规章，处处有提醒，层层有关怀的企业安全文化氛围。

1.4 安全文化的结构层次

　　本文在研究的过程中，聚焦狭义层面的安全文化概念，从理念、制度、环境、行为等层次进行分析。

　　1. 安全理念文化

　　安全理念是企业安全文化建设的核心，会影响到企业管理人员、作业人员等行为决策动机，体现了企业对安全文化重视程度，其包括安全理念、安全意识和安全素质。安全理念是企业建立的自身安全目标管理体系，体现了企业的总体安全治理理念。安全承诺体现了公司管理人员对安全问题的态度，意味着公司可以把安全问题纳入战略规划，将其作为公司目标的重要组成部分。安全意识是员工对安全态度的具体体现，使员工对安全风险保持敏锐的警觉，具备解决安全问题的能力，达到行为安全的目的。员工素质直接受安全理念文化的影响，安全素质水平直接影响了企业安全生产现状水平，成正相关性。

　　2. 安全制度文化

　　如果管理中没有形成一套健全的操作制度、风险管理制度和合规制度等，逆向选择将会影响企业的活动结构和质量，增加项目风险。为了规避这种风险，管理部门可通过完善管理制度提高企业违约成本、选择风控管理能力较强的企业进行合作，或加入风险分担机制等方式降低风险。

3. 安全环境文化

安全环境文化主要是通过对企业与员工产生影响，进而促进企业采用工艺先进、可靠性高的防护设备设施、预警防护系统等来解决物的不安全状态，以防止危害事故的发生。李艳波等（2015）指出发展安全物态文化需要对安全相关技术和设备进行升级、改造，改善员工的作业生产环境，促进安全生产。纪伦（2011）指出通过加大安全投入，对现有的设备设施、技术等进行升级、改造，促进安全环境文化建设，以保障人的安全。

4. 安全行为文化

安全行为文化必然会因为主观认知不同而对安全文化建设工作产生影响。在风险管理方面，风险管理机构是否建立、风险管理制度体系是否完善、风险协调处置能力是否具备、处置措施是否丰富、风险分担机制是否充分等，都会对参与过程中安全文化建设效果造成影响。

另外，企业安全文化与众多领域都紧密相关，与技术之间更是存在极为深刻的关联，系统运作中的内容也是多变的。在实施过程中，应该从专业性及技术性角度进行研究，不能够将研究范围锁定得过于狭窄。

1.5 安全文化的功能

1. 导向功能

当前，安全文化建设的风险来源较多，风险管理贯穿全过程，因此实施有效的全面风险管理对安全文化建设至关重要，尤其是进入 21 世纪以后，各国更加重视风险管理。全面风险管理是一个过程，具有立体的管理架构，涉及众多维度，这些维度架起了全面风险管理的整个架构，也让员工在参与中能够逐渐接受安全文化理念，对他们的行为和认知形成导向性影响。

2. 激励功能

激励就是对员工进行多种方式的刺激，让他们更加主动地展开各种安全管理

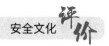

活动。这种激励应该具有实质性，真正触达员工内心，让他们愿意主动做，愿意主动学，愿意主动参与，在了解的基础上展开各种尝试，最终让安全文化建设形成更好的效果，得到更为持久的发展，最终形成更好的安全管理效果。

3. 约束功能

员工学习各种安全知识，也能够对各种制度及规章有更为深入的理解，在具体的操作过程中，就能够立足这些规章制度约束自身行为。要想让企业安全文化的约束功能得到充分发挥，一是要让员工对企业发展过程中的安全价值观有深入的了解，确立与企业价值观相同的行为及思想认知；二是在推动硬约束的同时，也要重视软约束，要将这两个方面结合起来；三是要关注员工在自我管理过程中的心理诉求。

4. 稳定和保障功能

企业安全文化建设的最终目标就是帮助员工形成积极主动的安全意识，建立科学的行为准则，推进管理部门、企业、政府机构、第三方平台等进行信息交流互换，多方位了解信息，提高对安全认知的全面性、客观性。同时，要对安全管理合法合规性进行研究，由第三方机构、内部稽核审计部门对公司内部开展年度专项稽核审计，及时发现问题，有效发挥企业安全文化的稳定和保障功能。

5. 辐射功能

企业作为一个组织系统，有着显著的开放性。在企业安全文化推进过程中，企业主要针对参与者进行全过程管理，一般采用事前管理—事中管理—事后管理，对安全业务和企业经营开展全流程的全面风险管理，由点及面发挥企业安全文化的辐射功能。

1.6 安全文化建设的阶段和趋势

1. 安全文化建设阶段

安全文化建设包括如下阶段。

（1）被动约束阶段。在此阶段，企业的各种行为只能由法律来进行约束，尚未建立多元一体化监管格局。政府应该带头进行安全监管综合信息平台建设，立足云计算和大数据技术等，将各部门的信息数据进行整合，然后上传到信息管理系统中，对各种安全活动的现实环境进行优化，立足安全管理系统来规避各类风险。此时，很多管理部门会对安全的重要性形成一定的认知，但是在安全经济价值及公众利益方面的认知依然是比较薄弱的，只能立足法规及政府监管来推进安全价值及公众利益的发展。

（2）主动管理阶段。此时相关管理部门会对安全的重要性形成充分的认知，能够立足法律法规框架，在组织中搭建起完善的安全管理体系，同时完善各种目标管理及规划的步骤。但是，参与者依旧是被动参与安全建设的。

（3）自律完善阶段。此阶段是持续发展的过程，是动态推进的过程。在此阶段，相关管理部门在安全管理方面应该建立起超前意识，让所有的参与者都能够持续快速地推进安全标准化管理。

2. 安全文化建设趋势

当前，我国安全文化已经不再是被动发展的状态，而是逐渐进入了积极主动管理的状态，具体体现在以下几个方面。

（1）安全文化建设在发展过程中逐渐从一般性趋势向必要性趋势发展。经济的发展技术的更新极大地推动了安全事业的发展，但也由此产生了很多新的危险性问题。安全面临着更为巨大的压力，公众开始从多个方面对安全问题进行重视，并主动进行行为约束。安全文化可以帮助人们形成积极的健康意识、完善的道德准则。安全对于公众是非常重要的，只有公众对安全形成正确的认知，社会才能够形成积极健康的环境，公众才会形成更强烈的安全感，社会才能够真正实现和谐发展。共建共治共享的社会监管，要求各级各部门要全面推进社会监管机制建设，要在党委领导下，充分发挥政府职能，对各部门进行协调，建立公众广泛参与的监管体系。

（2）参加安全文化建设活动逐渐趋于主动。在此前的安全管理中，只有出现重大安全事故的时候，才会有针对性地展开相关知识的宣传，帮助人们形成更强烈的安全意识。在这个过程中，人们学习安全文化的有关知识是被动的，在了解安全文化的过程中也只是进行一些辅助性活动。当前，安全是人们都高度重视的问题，好的安全意识对每个人都是非常重要的，安全文化已经成为人们生活的必要知识，越来越多的人开始主动进行安全知识的学习，安全文化得到了更好的发

展，安全建设成果显著。

（3）安全文化建设路径更加多样化。由于安全文化对人的影响是深层次的，在短期内是无法形成较为理想效果的。安全文化的建设也不是一下子就能完成的，而是需要一个动态发展的过程，需要基于实践活动持续优化和完善。安全与人民群众财产及人身安全都有着至关重要的联系，与社会和国家发展也有着重要的联系。在安全文化建设的早期，安全文化的宣传和推广工作是由政府来推进的，因此政府是这一工作的主要推动者，在工作中承担着核心驱动者的角色。当前我国社会形势日趋复杂，仅仅依靠政府服务和权威监管，很难对各种监管需求进行满足。因此，应该将国家、社会、市场统一起来，形成政府监管、社会监督、企业自治的监管模式，通过"多中心、协同、整体"监管来形成理想的监管效果。媒体应该结合日常的事故，进行安全的正向报道，让人们对此形成更加正向的认知，形成较好的安全文化意识。另外，学校是安全教育活动的重要阵地，在学生安全知识教育和交通安全文化指导等方面有着不可替代的职责。安全文化建设过程中，要立足信息技术展开协同网络建设。在大数据技术支撑下，将个体数据传到云端，将原始数据进行加工后共享到信息服务平台，各主体可以按照权限查询使用。信息协同网络体系的建设，可以提高政府监管效率及决策效率。网络化监管模式的使用，可以实现多主体高效联动，提高监管效率。

（4）安全文化建设的基本理念逐渐从"管理"转变为"治理"模式，在治理活动中，参与主体不断增加。当前社会发展的整体背景下，文化管理逐渐迈入了社会治理阶段，社会化发展趋势更为明显（2006）。在当前的发展中，要提高安全文化建设的效果，就需要对全民的活力进行激发，对安全文化生产力进行挖掘，让更多的主体参与到安全文化建设中（2006），使政府和市场之间、社会和政府之间形成和谐关系，让安全文化管理更好、更快地步入社会治理阶段。

第 2 章

安全文化评价原则、方法与实施流程

2.1 安全文化评价原则

安全文化评价是安全管理的重要保障，是预防优先原则的具体体现。安全文化评价是参照国家方针、政策及法律法规等来评估安全风险、危险因素的活动，通过定性及定量分析能够形成预防和治理的具体措施，能够帮助建设及生产经营单位规避各种风险，帮助政府主管部门更好地展开安全生产活动。安全文化评价的核心是是否符合国家在安全生产方面的各种标准，是否可以对劳动者的诉求和权益进行保障。由于安全生产监管是复杂性较高的技术活动，政策性也比较突出，因此，应该结合评价项目的相关情况来分析，参照国家法律法规，秉承着高度负责任的态度来进行评价工作。安全文化评价原则具体如下。

2.1.1 合法性

安全文化评价是国家通过立法的方式来订立的安全管理机制，安全文化评价机构及评价人都应该持有国家生产监管部门的评价资格和安全证书，只有获得了相关资质的人员才能够承担安全文化评价工作。政策及法律法规在安全文化评价中是非常重要的，是安全文化评价工作的依据。因此，承担安全文化评价工作的单位，只有在国家生产监管部门的指导和监督之下，才能够开展各种工作。在具体的评价活动中，要对生产单位和评价目标进行深入、细致的分析，了解其在执行各种产业及安全生产政策的过程中存在的问题和不足，然后在评价的过程中，对国家生产监管部门的要求进行主动接受，希望能够为项目政策及安全运行活动提供合理的方案，形成更合理的评价结论，为安全生产奠定良好基础。

2.1.2 科学性

安全文化评价与众多学科内容相关，各种因素对其的影响是非常明显的。在项目管理过程中，安全预评价是项目安全有效性的重要保障，安全现状综合评价在整个项目中都有非常高的实用性，验收安全文化评价在项目运行中有着极高的客观性，专项安全文化评价在技术层面具备极强的导向性。为了确保安全文化评价可以较好地体现项目的具体情况，保证结论的正确性，在安全文化评价活动中，要采用科学严谨的方法来精准推动相关工作，提出合理的措施，形成科学的结论。任何危险、风险问题的出现，都需要一定的触发条件，应该结合客观规律来对危害的具体情况和覆盖范围进行确认，了解发生原因，明确危害程度和危害等级，只有这样才能够实现安全文化评价的效果。

当前的评价方法都有较为明显的局限性。评价人员应该科学、合理、全面地进行原理、特点及适用范围的评价。如果有需要，可以将多种方法组合起来进行应用，然后进行对比分析，从而确保最终的评价是准确的，规避失真。在评价过程中，杜绝简单复制的方式，不能够凭借主观推断来做出判断。在评价各环节都应该坚持科学的、严谨的工作态度，无论是资料的收集和调查，还是评价因子的筛选，或者是数据的处理和权重值的判定，都要科学合理地进行，立足科学的路径及合理的数据来规范地推进，从而确保最终结论是正确和合理的。

在各种因素的影响下，安全文化评价会在某种程度上引发负面影响。评价结果的准确性对决策的合理性有着直接影响，合理的安全设计才能够确保项目安全地运行。因此，对评价结果展开验证是非常重要的。为了提升安全文化评价的准确性，评价单位应该合理推进安全文化评价，在安全文化评价的过程中有步骤地推进各种安全生产管理活动，总结国内外的安全生产管理经验和措施，对后续评价的具体情况进行分析和验证，立足项目事后评价来验证安全文化评价的具体效果，以统计分析的方式了解管理中的误差和问题，从而对此前的评价方法进行修正，持续地提高安全文化评价的准确度。

2.1.3 公正性

安全文化评价结论是项目评价的重要依据和参考，是国家安全监管过程中的重要依据。因此，在安全文化评价过程中，各种工作都应该是客观和严谨的，既要避免评价人员在主观层面影响评价的客观性，同时也要规避外界因素的干扰，规避不公正结果。安全文化评价是否公正对项目的运行质量有着直接的影响；安全文化评价对国家财产及声誉也有着重要的影响；安全文化评价与单位的资产也有着直接联系，关系到生产活动的正常运行；安全文化评价既与评价单位的职工及其周围居民有着直接关系，还与被评价单位的职工及其周围居民之间有着紧密联系。因此，评价单位及评价人员应该严肃认真地评价，确保评价的公正性。

安全文化评价有时候会与一些集团、部门及个人利益相关联。因此，在评价过程中，应该以国家及劳动者的整体利益为核心，对劳动者在劳动过程中的安全性及健康问题进行高度关注，依据相关法律及技术规范，形成评价结论，并提出可行性方案。评价结论及建议应该是中肯的，不能够是模糊和有歧义的。

2.1.4 针对性

实施安全文化评价的过程中，首先，应该对被评价项目的具体情况进行分析，对相关的资料进行收集，对系统的整体情况进行分析；其次，要对一些危险性高的、危害性高的单元进行筛选，对各种具有危害性的因素进行评价；再次，对各种事故及案例进行分析和评价，由于各种评价方法都有其适用的范围和应用条件，要有针对性地进行评价方法的选择；最后，应该从经济及技术层面入手，对各种操作性强的对策措施进行分析，确保最终的结论也具备较好的操作性。

2.2 安全文化评价方法

2.2.1 指标权重确定

1. 层次分析法的特点

层次分析法最大的特点就是在分析中，将问题细化为不同层级，然后有针对性地加以分析，能够将一些非结构性问题调整为定量分析问题，将综合性的、非常复杂的问题细化为具体的指标或问题。层次分析法在很多复杂性问题、综合性问题分析中，有着较为普遍的应用。

下面以安全生产行政问责法律体系优化为例进行说明。对安全生产行政问责法律体系进行优化，最关键的就是制定统一的法律规范，让行政问责具备明确的规范依据。在法律规范中，应该对行政问责的主客体、问责范围及问责流程进行清楚的规定。由于各地区在经济、社会发展方面存在较大的差异，因此各地方政府在展开行政问责的过程中，也存在能力上的差别。如果实施统一的问责法律和问责机制，那么就很难对各个地区的差异性进行兼顾，因此各地区政府在进行行政问责工作的过程中，会结合自身的实际情况对问责法律规范进行调整。在对问责法律规范进行调整的过程中，应该以相同的法律文件为参照，从地区经济发展现状出发，对问责法律规范的不足之处进行检视，提高法律间的衔接性。使用层次分析法就可以对上述问题进行处理。这一方法具有分级处理和决策机制，可以针对各种要素展开重要性对比分析，进而明确定量分析的具体内容，形成最终结论。

2. 层次分析法的实施过程

在复杂的决策问题中，或在拥有多个目标的决策系统中，要得到最终的结果，就要将复杂问题进一步细分为不同的要素，然后确定各要素之间的重要性关系，完成分组，形成多种分析层次。在层次结构确定之后，可以对要素进行两两对比，结合要素权重明确要素重要性，确定要素重要性排序，进而得到研究结论。

层次分析法实施过程可以细分为如下流程。

（1）对整体目标进行研究，识别出涉及综合评价范围的措施，了解方案实施过程中的优劣势，完成信息采集。

（2）分析系统，搭建多层级体系，展开要素间深度分析，结合各种目标及执行力进行系统管理，确定系统级别。

（3）确定相邻要素关联度，然后得到独立矩阵，在矩阵运算过程中可以较好地应用数学方法，确定各层级结构的具体意义以及要素间的影响，针对要素实施具体的一致性分析。

（4）从目标整体情况对要素整体权重展开计算，明确目标涉及的各种权重最终的作用以及相应的影响力，立足一致性检验形成最终的分析结论。

（5）结合计算结果对决策评价结论进行分析。

3. 层次结构模型

使用层次分析法可以对具体的问题进行处理，首先对决策信息进行妥善处理，然后对其进行合理分级，最终构建起完善的层次结构。将复杂的问题细化，是层次分析法顺利推进和应用的基础。该方法在应用过程中往往被界定为一种独立的结构性元素，通常这种元素会涉及三层关系，最终能够形成独立的层次结构模型，具体如下。

（1）顶层是目标层，该层级中涉及的所有指标都是总括性的指标，是体系建设最终要达成的目标。

（2）中间层是准则层，是次级内容，是实现理想目标涉及的程序支撑，如果其中的影响因素数量非常多，那么就要对这个层级进行再次划分，直到符合要求。

（3）最底层是措施层，包括具体的达成目标、处理方案及决策等内容。

层次结构模型是支配关系影响下，由上而下逐渐建立的。为了规避元素过多导致判断难度增加的情况，各层级中的元素一般保持在 9 个以内，如果数量更多，则可以继续分层。

基于复杂问题的处理和研究，可以对评价目标加以确定，目标应该是唯一的，即目标层有且仅有一个目标。之后识别与目标相关元素，在对目标问题进行分析的过程中，复杂的问题可能会形成众多的准则层元素，对此要对各种标准关系进行梳理，对其中的核心元素进行分析。确定指标关系后，将元素细化为各种组级，即明确上下层元素关系，其中上层是目标，而下层是达成目标的准则。在相同层次中，各种元素的本质是一致的，水平差别不大的元素存在差异化的特性因素，最终的元素级别也是不同的。

最后结合各种标准制定各种处理方案，形成措施层，并展开分析。对不同元素及其位置关系进行梳理和定位，以连线的方式来确定关系，就能够形成递阶层次结构，展示出不同级别。复杂关系递阶层次结构中，组内元素或许并不存在显著关系，但上层元素对下层元素存在制约作用，能够建立跨层级关系，上下层间存在显著隶属关系。

4. 判断矩阵

结合层次结构模型来确定不同层级元素间的联系，明确元素从属关系并对这种关系进行量化处理。对同层级的元素进行两两对比，最终的结果就是形成一个独立的判断矩阵，从中可以确认不同层级元素的重要性。

如判断矩阵为：

$$A = \begin{bmatrix} a_{11} & a_{12} & \cdots & a_{1n} \\ a_{21} & a_{22} & \cdots & a_{2n} \\ \vdots & \vdots & & \vdots \\ a_{n1} & a_{n2} & \cdots & a_{nn} \end{bmatrix}$$

赋值标准参考指标相关性标度（表2.1）。

表2.1 指标相关性标度

标度	含义
1	相比的两个元素，其中一个元素与另一个元素同等重要
3	相比的两个元素，其中一个元素比另一个元素稍显重要
5	相比的两个元素，其中一个元素比另一个元素明显重要
7	相比的两个元素，其中一个元素比另一个元素强烈重要
9	相比的两个元素，其中一个元素比另一个元素极为重要
2	1,3 两个标度的判断中间值
4	3,5 两个标度的判断中间值
6	5,7 两个标度的判断中间值
8	7,9 两个标度的判断中间值
倒数	元素 i 与元素 j 比较，得到的判断为 $a_{ij} = 1/a_{ij}$ 且 $a_{ij} = 1$（ $i = j$ 时）

其中 a_{ij} 表示指标 x_i 与指标 x_j 关于某评价目标的相对重要性程度之比的赋值。

通常，在级别配置环节的判断为 $n(n-1)/2$ 次，这样可以非常好地规避偏差，尤其是大的偏差。如果仅仅针对相同的一个元素展开 $n-1$ 次比较，那么如果发生了判断失误，就可能导致最终结论不合理，如果由个体来展开相关内容的判断，那么个体经验的偏差极有可能导致失误。

5. 一致性检验

一致性是对分析结果实施的评价，体现的是指标协调性。层次分析法使用过程中，要想确保指标一致性，就要结合矩阵实际情况确定排序，并对形成的矩阵展开一致性检验。

层次分析法的主要作用就是对判断矩阵中不一致的各种指标进行判断，确定最大特征根及所有特征根负平均值，公式为：

$$CI = \frac{\lambda_{\max} - n}{n - 1}$$

其中 $\lambda_{\max}$ 为判断矩阵的最大特征根。

CI 取值低，即矩阵具有更好的一致性；CI 取值高，即评价结果不够理想；$CI = 0$ 时，达到完全一致性。

立足层次分析法，通常仅仅需要实施一致性分析即可。因此，基于平均随机一致性指标 RI，能够比较合理地了解判断矩阵的具体情况，了解矩阵本身具备的一致性情况，RI 值如表2.2所示。

表2.2　平均随机一致性指标 **RI** 值

阶　数	1	2	3	4	5	6	7	8	9
数　值	0.00	0.00	0.58	0.90	1.12	1.24	1.32	1.41	1.45
阶　数	10	11	12	13	14	15	16	17	18
数　值	1.49	1.52	1.54	1.56	1.58	1.59	1.61	1.62	1.63

在具体的推进过程中，若阶数 ≤ 2，则矩阵具备一致性；若阶数超过 2，则要展开随机一致性比率的检验，记为 CR，其计算公式是：

$$CR = \frac{CI}{RI}$$

当 $CR < 0.10$ 时，可以展开层次分析，如果矩阵一致性检验通过，则矩阵有效；如果矩阵一致性检验未通过，则要再次分配，并对矩阵进行修正，直到满足一致性要求。

6. 单排序及总排序

在进行指标分析的过程中，权重值分析是极为重要的。如果处于同一层级的不同元素对上级元素有着极大的影响力，那么这一元素就具备较大的影响力。在

这一研究过程中，针对不同向量实施的是单一排序，也是针对各种元素的重要性分析。假设用 a_{ij} 指代对比结论，那么展开正规化操作之后：

$$\overline{a}_{ij} = \frac{a_{ij}}{\sum\limits_{i=1}^{n} a_{ij}}$$

判断矩阵的行归一化后，我们得到：

$$\overline{w}_{ij} = \sum_{i=1}^{n} \overline{a}_{ij}$$

对向量 $\overline{w} = \{\overline{w}_1, \overline{w}_2, \cdots, \overline{w}_n\}$ 进行标准化处理，可得层次单排序向量 w。如果 $k-1$ 层上有 n_{k-1} 个元素，则这 n_{k-1} 个元素对于总目标层的权重向量为：

$$w^{(k-1)} = (w_1^{(k-1)}, w_2^{(k-1)}, \cdots, w_{n_{k-1}}^{(k-1)})^T$$

k 层上有 n_k 个元素，这些元素对 $k-1$ 层上的第 j 个元素的单排序向量为：

$$Y_j^{(k)} = (Y_{1j}^{(k)}, Y_{2j}^{(k)}, \cdots, Y_{n_k j}^{(k)})^T$$

这里与元素 j 没有决定关系的元素的权重记为 0，则 k 层上的 n_k 个元素对 $k-1$ 层上的各元素的权重向量为：

$$Y^{(k)} = (Y_1^{(k)}, Y_2^{(k)}, \cdots, Y_{n_{k-1}}^{(k)})^T$$

$Y^{(k)}$ 是 $n_k \times n_{k-1}$ 阶判断矩阵，那么 k 层上元素的总排序为：

$$w^{(k)} = (w_1^{(k)}, w_2^{(k)}, \cdots, w_{n_{k-1}}^{(k)})^T = Y^{(k)} w^{(k-1)}$$
$$即\ w_i^k \sum_{j=1}^{n_{k-1}} Y_{ij}^{(k)} w_j^{(k-1)}$$

依次类推得到：

$$w^{(k)} = Y^{(k)} w^{(k-1)} = \cdots = Y^{(k)} Y^{(k-1)} \cdots Y^{(3)} w^{(2)}$$

其中 $Y^{(k-1)}$ 为 $n_{k-1} \times n_{k-2}$ 阶矩阵，由 $k-1$ 层上各元素的权重构成。

层次分析法流程如图 2.1 所示。

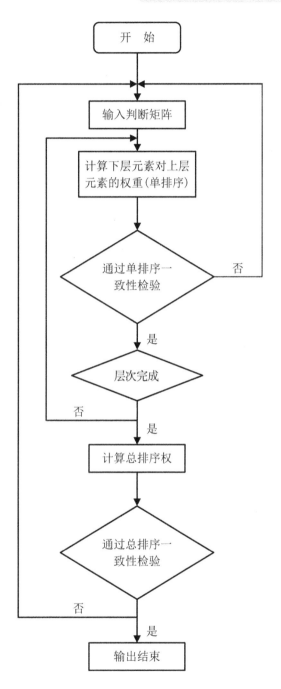

图 2.1　层次分析法流程图

2.2.2　指标数值确定

模糊数学是针对数学模糊现象进行处理的方法，是扎德（Zadeh）提出的，他在自己的论述中阐述了"模糊子集"的概念，希望以定量及准确的方式来对各种模糊问题进行处理。基于此，形成了模糊集合理论，这一理论可以在很多复杂问题中进行应用。在该理论中，模糊子集是最重要的。根据模糊集合理论，可以形成较为精确的分析结论，可以将不同的对象和数学进行连接，在模糊对象分析中应用数学知识。模糊数学的研究对象就是各种事物中存在的不确定性，经过长期发展，目前已经形成了模糊群论、模糊图论、模糊语言及逻辑等众多分支。随着科技的发展，在工农业、空间技术、经济管理、地质管理等领域，模糊数学都得到了广泛应用。

1. 基本概念

（1）模糊集合和隶属度

集合是在对概念展开深入全面研究之后，将概念的内涵及外延进行统一后形成的，前者是对各种概念进行区分，后者代表的是涉及的全部对象。在研究中，学者们大多将最大范围集合定义为论域，其中的部分元素统一起来，就能够构建一个子集。

给定论域，符号为 U，子集 A 和元素 x 组合，则集合 A 的特征函数为：

$$\chi_A(x) = \begin{cases} 1, x \in A \\ 0, x \notin A \end{cases}$$

特征函数 $\chi_A(x)$ 仅有 0、1 两个值，若元素 x 绝对属于 A，则 $\chi_A(x) = 1$；若 x 不属于 A 中的元素，则 $\chi_A(x) = 0$。

对于论域为 U，集合 $\underset{\sim}{A}$ 是 U 中的一个模糊子集，对任意 $x \in U$ 隶属于 $\underset{\sim}{A}$ 用映射表示为：

$$\mu_{\underset{\sim}{A}}: U \to [0,1]$$
$$x \to \mu_{\underset{\sim}{A}}(x) \in [0,1]$$

$\mu_{\underset{\sim}{A}}(x)$ 叫作 $\underset{\sim}{A}$ 的隶属函数，$\mu_{\underset{\sim}{A}}(x)$ 的值表示元素 x 对模糊子集 $\underset{\sim}{A}$ 的隶属程度（隶属度）。$\mu_{\underset{\sim}{A}}(x)$ 的取值范围为 $[0,1]$，若 $\mu_{\underset{\sim}{A}}(x)$ 的值越贴近于 1，则表示 x 属于 $\underset{\sim}{A}$ 的

程度就越大；若 $\mu_{\underset{\sim}{A}}(x)$ 的值越贴近于 0，则表示 x 属于 $\underset{\sim}{A}$ 的程度就越小；若 $\mu_{\underset{\sim}{A}}(x)$ 的值越贴近于 0.5，则表示 x 属于 $\underset{\sim}{A}$ 的程度就越模糊。

当论域 $U = \{x_1, x_2, \cdots, x_n\}$ 为有限集合时，模糊子集 $\underset{\sim}{A}$ 可以用以下几种方法来表示：

① 向量表示法：$\underset{\sim}{A} = \left\{ \mu_{\underset{\sim}{A}}(x_1), \mu_{\underset{\sim}{A}}(x_2), \cdots, \mu_{\underset{\sim}{A}}(x_n) \right\}$。

② 扎德记号法：$\underset{\sim}{A} = \mu_A(x_1)/x_1 + \mu_A(x_2)/x_2 + \cdots + \mu_{\underset{\sim}{A}}(x_n)/x_n$。

③ 序偶表示法：$\underset{\sim}{A} = \left\{ [x_1, \mu_{\underset{\sim}{A}}(x_1)], [x_2, \mu_{\underset{\sim}{A}}(x_2)], \cdots, [x_n, \mu_{\underset{\sim}{A}}(x_n)] \right\}$。

当论域 U 为无限集合时，模糊子集 $\underset{\sim}{A}$ 可以表示为：$\underset{\sim}{A} = \int_{x \in U} \mu_A(x)/x$

应用模糊数学处理系统问题时，系统元素和分类等都存在模糊性，可以结合多种模糊子集来实施后续量化分析，模糊矩阵 R 可以对模糊子集进行清晰的展示和体现。因此模糊矩阵 $R = (R_{ij})_{m \times n}$，全部的 i, j 都满足 $r_{ij} \in [0, 1]$。

（2）隶属关系

在进行战略模糊评价之前，要结合指标的具体情况确定其隶属度信息，然后建立起最终的评估矩阵，确立后续的评估结果。一般而言，立足模糊集合理论，隶属关系要立足隶属函数来确定，从而保障其合理性。

在研究过程中使用模糊统计法，首先要基于隶属函数来提取相关的信息，明确模糊统计使用的各种信息，进而展开集合研究，通过多角度研究来对集合频率进行确认。通过相关实验可知，实验的环境如果没有差别，那么通过不断的、高频的实验，最终集合频率就会逐渐形成一个稳定值，这个稳定值即元素研究过程中相对模糊度的隶属度。事物大多是存在模糊性的，在统计环节不可避免地会存在主观认知上的误差，多种统计结果会受到主客观要素的影响，这种影响会导致结果存在差异性。

在指派的形式下，对象配置首先要基于隶属函数来进行分析，确定模糊分析的基本依据和支撑，此后立足数据测量确认隶属函数的不同参数。三角形分布、钟形分布、S 形分布等都是常用的模糊分布。

在选择分布函数的过程中，要与模糊集形成基本一致的特征，并立足信息来对隶属函数进行反馈，从而达到过程的稳定，同时在具体应用之中动态地展开数据调整。从模糊集合角度来看，主观隶属函数是很重要的，其结果根据采

用的方法不同而发生变化，因此，在检验效果的过程中，只能够立足适用性来进行判断。

（3）模糊映射与模糊变换

定义1：X、Y 是两个非空集合，$J(Y)$ 为 Y 的幂集，称映射

$$\underset{\sim}{f}: X \rightarrow J(Y)$$
$$x \rightarrow f(x) = \underset{\sim}{B} \in J(Y)$$

为从 X 到 Y 的模糊映射。

命题1：设 $X = \{x_1, x_2, \cdots, x_n\}, Y = \{y_1, y_2, \cdots, y_m\}$，则有：

① 根据给定的模糊映射

$$\underset{\sim}{f}: X \rightarrow J(Y) \quad x_i \rightarrow \underset{\sim}{f}(x_i) = \underset{\sim}{B} = \frac{r_{i1}}{y_1} + \frac{r_{i2}}{y_2} + \cdots + \frac{r_{im}}{y_m}$$
$$= (r_{i1}, r_{i2}, \cdots, r_{im}) \in J(Y) \, (i = 1, 2, \cdots, n)$$

构造一个模糊矩阵，以 $(r_{i1}, r_{i2}, \cdots, r_{im}) \, (i = 1, 2, \cdots, n)$ 为行：

$$R_f = \begin{bmatrix} r_{11} & r_{12} & \cdots & r_{1m} \\ r_{21} & r_{22} & \cdots & r_{2m} \\ \vdots & \vdots & \ddots & \vdots \\ r_{n1} & r_{n2} & \cdots & r_{nm} \end{bmatrix}$$

就可唯一确定模糊关系：

$$\underset{\sim}{R}_f(x_i, y_j) = r_{ij} = \underset{\sim}{f}(x_i)(y_j)$$

② 给出模糊关系矩阵

$$R = \begin{bmatrix} r_{11} & r_{12} & \cdots & r_{1m} \\ r_{21} & r_{22} & \cdots & r_{2m} \\ \vdots & \vdots & \ddots & \vdots \\ r_{n1} & r_{n2} & \cdots & r_{nm} \end{bmatrix}$$

可令 $\underset{\sim}{f}_R: X \rightarrow J(Y) \quad x_i \rightarrow \underset{\sim}{f}_R(x_i) = (r_{i1}, r_{i2}, \cdots, r_{im}) \in J(Y)$

其中 $\underset{\sim}{f}_R(x_i)(y_j) = r_{ij} = \underset{\sim}{R}(x_i, y_j), i = 1, 2, \cdots, v; j = 1, 2, \cdots, m$

$\underset{\sim}{f}_R$ 是 X 到 Y 的模糊映射。

于是，也确定了模糊映射 f_R。

定义 2：X、Y 是两个非空集合，$J(X)$、$J(Y)$ 为 X、Y 的幂集，称映射

$$T: J(X) \to J(Y)$$
$$\underset{\sim}{A} \to \underset{\sim}{T}(\underset{\sim}{A}) = B \in J(Y)$$

为从 X 到 Y 的模糊变换。如果模糊变换 $\underset{\sim}{T}$ 还满足

$$\underset{\sim}{T}(A \cup B) = \underset{\sim}{T}(\underset{\sim}{A}) \cup \underset{\sim}{T}(\underset{\sim}{B})$$
$$\underset{\sim}{T}(\lambda \underset{\sim}{A}) = \lambda \underset{\sim}{T}(\underset{\sim}{A})$$

则称 $\underset{\sim}{T}$ 为模糊线性变换。

定义 3：设模糊变换 $\underset{\sim}{T}$ 是从 X 到 Y 的线性变换，$\underset{\sim T}{R} \in J(X \times Y)$ 且满足

$$\underset{\sim}{T}(\underset{\sim}{A}) = \underset{\sim}{A} \circ \underset{\sim T}{R} \, [\forall \underset{\sim}{A} \in J(X)]$$

则称模糊变换 $\underset{\sim}{T}$ 是由模糊关系 $\underset{\sim T}{R}$ 诱导出的。

命题 2：设 $X = \{x_1, x_2, \cdots, x_n\}$，$Y = \{y_1, y_2, \cdots, y_m\}$，则有：

① 给定模糊关系矩阵为

$$R = \begin{bmatrix} r_{11} & r_{12} & \cdots & r_{1m} \\ r_{21} & r_{22} & \cdots & r_{2m} \\ \vdots & \vdots & \ddots & \vdots \\ r_{n1} & r_{n2} & \cdots & r_{nm} \end{bmatrix}$$

$\forall \underset{\sim}{A} = A = (a_1, a_1, \cdots, a_n) \in J(X)$ 可以按定义 3 确定一个模糊线性变换（取 max-min 合成运算）

$$\underset{\sim R}{T}: J(X) \to J(Y)$$
$$A \to \underset{\sim R}{T}(\underset{\sim}{A}) = A \circ R = \tilde{B} = (b_1, b_2, \cdots, b_m) \in J(Y)$$

其中 $b_j = \overset{n}{\underset{i=1}{\vee}} (a_i \wedge r_{ij})(j = 1, 2, \cdots, m)$

并称 $\underset{\sim R}{T}$ 是由模糊关系 $\underset{\sim}{R}$ 诱导出来的。

② 按定义 3 确定模糊线性变换 $\underset{\sim R}{T}$，即

$$\underset{\sim R}{T}(A) = A \circ R$$

即如果给定了 $A \in J(X)$，则求解模糊关系方程，可以得到模糊矩阵 R，同时模糊关系 $\underset{\sim}{R}$ 也就得到了。

③ λ – 截矩阵与传递闭包

定义 4：模糊矩阵 $A = (a_{ij}) \in \mu_{m \times n}$，如果对于所有的 $\lambda \in [0,1]$，记

$$a_{ij}^{(\lambda)} = \begin{cases} 1, a_{ij} \geq \lambda \\ 0, a_{ij} < \lambda \end{cases}$$

则称 $A_\lambda = (a_{ij}^{(\lambda)})$ 为模糊矩阵 $A = (a_{ij})$ 的 λ – 截矩阵。

显然，λ – 截矩阵为布尔矩阵（元素只有 0、1 的矩阵）。

定义 5：设 $Q, S, A \in \mu_{n \times n}$，满足

① $S \geq A(S^2 \leq S)$，

② $\forall Q \geq A(Q^2 \leq Q)$，总有 $Q \geq S$，

则称 S 为 A 的传递闭包，记为 $t(A)$，即 $S = t(A)$。

2. 模糊聚类分析

模糊聚类的关键算法及其步骤如下。

（1）数据标准化

① 数据矩阵

给定论域 $U = \{x_1, x_2, \cdots, x_n\}$ 为待分类的对象，m 个指标表示每个对象的性状，也就是说每个对象 x_i 由 m 个分量组成，即 $x_i = \{x_{i1}, x_{i2}, \cdots, x_{im}\}$，故初始数据矩阵为

$$\begin{bmatrix} x_{11} & x_{12} & \cdots & x_{1m} \\ x_{21} & x_{22} & \cdots & x_{2m} \\ \vdots & \vdots & & \vdots \\ x_{n1} & x_{n2} & \cdots & x_{nm} \end{bmatrix}$$

② 标准化原始数据

聚类分析中，各种数据一般会引入多种量纲，为了对其加以对比，一般要对数据进行合理变换。但是，即便如此，最终的数据可能会超出 [0,1]。因此，需要进行数据标准化，即立足模糊矩阵将数据控制在 [0,1] 中。

通常需要对数据进行以下几种变换。

· 平移 - 标准差变换

$$x_{ik}^{'} = \frac{x_{ik} - \overline{x}_k}{s_k}, i = 1, 2, \cdots, n; k = 1, 2, \cdots, m$$

其中 $\overline{x}_k = \frac{1}{n} \sum_{i=1}^{n} x_{ik}$，$s_k = \sqrt{\frac{1}{n} \sum_{i=1}^{n} (x_{ik} - \overline{x}_k)^2}$

各种数据经过变换，平均值就化为 0，方差就化为 1，实现了无量纲化，然而这样还不能确保 $x_{ik}^{'}$ 都位于区间 [0,1] 中。

· 平移 - 极差变换

$$x_{ik}^{''} = \frac{x_{ik}^{'} - \min_{1 \leq i \leq n} \left\{ x_{ik}^{'} \right\}}{\max_{1 \leq i \leq n} \left\{ x_{ik}^{'} \right\} - \min_{1 \leq i \leq n} \left\{ x_{ik}^{'} \right\}}$$

其中 $i = 1, 2, \cdots, n; k = 1, 2, \cdots, m$。所有的 $x_{ik}^{''}$ 显然都位于区间 [0,1] 中，并且消除了量纲的影响。

（2）建立模糊相似矩阵

给定论域 $U = \left\{ x_1, x_2, \cdots, x_n \right\}$，其中 $x_i = \left\{ x_{i1}, x_{i2}, \cdots, x_{im} \right\}$，依照传统聚类方法计算相似系数，构建模糊相似矩阵 R，x_i 与 y_j 的相似程度可以用 $r_{ij} = R(x_i, y_j)$ 来描述。

$$R = \begin{bmatrix} r_{11} & r_{12} & \cdots & r_{1n} \\ r_{21} & r_{22} & \cdots & r_{2n} \\ \vdots & \vdots & & \vdots \\ r_{n1} & r_{n2} & \cdots & r_{nn} \end{bmatrix}$$

矩阵中 $r_{ii} = 1, r_{ij} = r_{ji}$。可以借用传统聚类分析的方法，如相似系数法、距离法等确定 $r_{ij} = R(x_i, y_j)$。可依据具体问题的性质，选用合适的方法。

① 相似系数法

· 数量积法

$$r_{ij} = \begin{cases} 1, & i = j \\ \frac{1}{M} \sum_{k=1}^{m} x_{ik} \cdot x_{jk}, & i \neq j \end{cases}$$

其中 $M = \max\limits_{i \ne j} \left(\sum\limits_{k=1}^{m} x_{ik} \cdot x_{jk} \right)$。

明显地，$\left| r_{ij} \right| \in [0,1]$，如果 r_{ij} 为负值，也可令 $r_{ij}' = \dfrac{r_{ij}+1}{2}$，将 r_{ij} 的值压缩到区间 $[0,1]$ 中，此时 $r_{ij}' \in [0,1]$。

• 夹角余弦法

$$r_{ij} = \frac{\sum\limits_{k=1}^{m} x_{ik} \cdot x_{jk}}{\sqrt{\sum\limits_{k=1}^{m} x_{ik}^2} \cdot \sqrt{\sum\limits_{k=1}^{m} x_{jk}^2}}$$

• 相关系数法

$$R(x_i, x_j) = r_{ij} = \frac{\sum\limits_{k=1}^{m} (x_{ik} - \bar{x}_i)(x_{jk} - \bar{x}_j)}{\sqrt{\sum\limits_{k=1}^{m} (x_{ik} - \bar{x}_i)^2} \cdot \sqrt{\sum\limits_{k=1}^{m} (x_{jk} - \bar{x}_j)^2}}$$

其中 $\bar{x}_i = \dfrac{1}{m} \sum\limits_{k=1}^{m} x_{ik}, \bar{x}_j = \dfrac{1}{m} \sum\limits_{k=1}^{m} x_{jk}, i, j = 1, 2, \cdots, n$。

• 指数相似系数法

$$r_{ij} = \frac{1}{m} \sum\limits_{k=1}^{m} \exp\left[-\frac{3}{4} \cdot \frac{(x_{ik} - x_{jk})^2}{s_k^2} \right]$$

其中 $s_k = \dfrac{1}{n} \sum\limits_{i=1}^{n} \left(x_{ik} - \bar{x}_{ik} \right)^2, \bar{x}_k = \dfrac{1}{n} \sum\limits_{i=1}^{n} x_{ik} (k = 1, 2, \cdots, m)$。

• 最大最小法

$$r_{ij} = \frac{\sum\limits_{k=1}^{m} (x_{ik} \wedge x_{jk})}{\sum\limits_{k=1}^{m} (x_{ik} \vee x_{jk})}$$

• 算术平均最小法

$$r_{ij} = \frac{2 \sum\limits_{k=1}^{m} (x_{ik} \wedge x_{jk})}{\sum\limits_{k=1}^{m} (x_{ik} + x_{jk})}$$

· 几何平均最小法

$$r_{ij} = \frac{\sum\limits_{k=1}^{m}(x_{ik} \wedge x_{jk})}{\sum\limits_{k=1}^{m}(x_{ik} \cdot x_{jk})}$$

② 距离法

· 直接距离法

$$r_{ij} = 1 - cd(x_i, x_j)$$

适当选取参数 c，使满足 $0 \le r_{ij} \le 1$，$d(x_i, x_j)$ 表示 X_i 与 x_j 的距离，经常采用的距离有：

海明距离：$d(x_i, x_j) = \sum\limits_{k=1}^{m}\left|x_{ik} - x_{jk}\right|$

欧几里得距离：$d(x_i, x_j) = \sqrt{\sum\limits_{k=1}^{m}(x_{ik} - x_{jk})^2}$

切比雪夫距离：$d(x_i, x_j) = \bigvee\limits_{k=1}^{m}\left|x_{ik} - x_{jk}\right|$

· 倒数距离法

$$r_{ij} = \begin{cases} 1, & i = j \\ \dfrac{M}{d(x_i, x_j)}, & i \ne j \end{cases}$$

适当选取参数 M，使满足 $0 \le r_{ij} \le 1$。

· 指数距离法

$$r_{ij} = \exp\left[-d(x_i, x_j)\right]$$

③ 主观评分法

请专家或者行业中的骨干为 x_i 与 x_j 的相似程度打分，得到 r_{ij} 的值。如，引入 n 名行业专家建立专家组 $\{p_1, p_2, \cdots, p_n\}$，每一位专家 $p_k (k = 1, 2, \cdots, n)$ 给出对 x_i 与 x_j 的相似程度 $r_{ij}(k)$ 和对自己所给出的相似程度 $r_{ij}(k)$ 的自信度 $a_{ij}(k)$，则相似系数定义为：

$$r_{ij} = \frac{\sum\limits_{k=1}^{N} a_{ij}(k) \cdot r_{ij}(k)}{\sum\limits_{k=1}^{N} a_{ij}(k)}$$

（3）聚类（求动态聚类图）

① 基于模糊等价矩阵的聚类方法

• 传递闭包法

建立与实际情况相匹配的模糊相似矩阵 R，通常，这一矩阵仅仅具备自反性和对称性，并不具备传递性，即 R 可以是模糊等价矩阵，也可以不是。若 R 不是模糊等价矩阵，就必须要将其变成模糊等价矩阵 R^*。可求 R 的传递闭包 $t(R)$，采用平方法，根据 $t(R)$，λ 值的改变能够对多阈值分类的实际情况进行体现，建立动态聚类图。

求模糊相似矩阵 R 的二次方、四次方、八次方等，即

$$R \to R^2 \to R^4 \to \cdots \to R^{2^l} \to \cdots$$

当首次出现 $R^k \circ R^k = R^k$ 时（即 R^k 存在传递性），传递闭包 $t(R)$ 确定，即 R^k，代表模糊等价矩阵。合成运算过程中，立足模糊集合的交替运算可以对矩阵乘法乘积进行替代，立足模糊集运算可以对矩阵乘法求和运算进行取代，具体如下：

$$A = R \circ R \Leftrightarrow A_{ij} = \mathop{\vee}\limits_{k=1}^{n} (r_{ik} \wedge r_{jk})$$

由前文可知，λ 的取值范围为 $[0，1]$，对 λ - 截矩阵进行计算，最终确认多程度分类，达到聚类效果。具体分类时，λ 值的确认要从实际出发，即要结合分类标准来获得 λ 值。

• 布尔矩阵法

布尔矩阵法的基本思想是：设 R 是论域 $U = \{x_1, x_2, \cdots, x_n\}$ 上的模糊相似矩阵，如果要基于 λ 程度形成 U 的元素的分类，可以通过模糊相似矩阵 R 直接进行分析，求其 λ - 截矩阵 R_λ。如果 R_λ 即等价布尔矩阵，则 R 属于模糊等价矩阵，此时可以直接发起分类活动；否则，就要将 R_λ 变成等价布尔矩阵，之后再发起聚类操作。

② 直接聚类法

直接聚类，即直接基于模糊相似矩阵展开分析，获得聚类图。

③ 最大树法

最大树法，即结合模糊相似矩阵 R，按 r_{ij} 由高到低次序使用直线将各种元素进行串联，然后在连线上确定相关权重，如果某步出现圈，即消除该连线，直到元素都连完。基于此，可以获得最大树，最大树不是唯一的。取定 $\lambda \in [0,1]$，如果连线权重低于 λ，则相连元素即为同类，这就完成了元素分类，各连接分支共同形成了某 λ 水平分类。

④ 编网法

编网法即对 λ 水平进行确认的过程，立足模糊相似矩阵 R，作 R_λ，在对其进行填充的过程中，可以使用元素符号，如使用"*"表示对角线左下方 1，0 则使用空格替代。从"*"开始，向对角线可以延伸出经纬线，编网即在"*"处以打结的方式来串联经纬线，从而达到分类效果。基于打结实现连接的元素即同类元素。在模糊相似矩阵分析中，存在很多符号，即符号对角线元素。"*"对左下对角线进行取代，0 以空格表示，代表节点，引出经纬线并进行捆绑，就能够编网和分类。基于打结，各个元素能够与相同类别元素进行连接。

3. 模糊综合评价的数学模型

对整体评价活动及潜在的决策问题进行处理，在多种要素的综合作用之下，会形成综合判断结果，即通过对各要素分析后实现的决策结果，也就是分析中涉及的多元模糊决策，包括如下四个步骤。

① 建立因素集（指标集）$U = \{u_1, u_2, \cdots, u_n\}$。

② 建立评价集（决断集）$V = \{v_1, v_2, \cdots, v_m\}$。

③ 单因素评判。

$$\underline{f} : U \to J(V)$$
$$u_i \to \underline{f}(u_i) = (r_{i1}, r_{i2}, \cdots, r_{im}) \in J(V)$$

模糊关系 $\underset{\sim f}{R} \in J(U \times V)$ 可由模糊映射 f 诱导出，即

$$\underset{\sim f}{R}(u_i)(v_j) = \underline{f}(u_i)(v_j) = r_{ij}$$

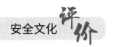

$$R = \begin{bmatrix} r_{11} & r_{12} & \cdots & r_{1m} \\ r_{21} & r_{22} & \cdots & r_{2m} \\ \vdots & \vdots & & \vdots \\ r_{n1} & r_{n2} & \cdots & r_{nm} \end{bmatrix}$$

即可由模糊矩阵 R 表示模糊关系 $\underset{\sim f}{R}$。

r_{ij} 表示 U 中第 i 个因素 u_i 的相对隶属度，对应于评判集 V 中第 j 个等级 v_j，称 R 为单因素决断矩阵。依据命题 2，R 可诱导出 U 到 V 的变换 $\underset{\sim f}{T}$。

称 (U, V, R) 构成一个模糊综合评价模型，U, V, R 是此模型的三个要素。

④ 模糊综合评判。

对于权重 $W_1 = (\omega_1, \omega_2, \cdots, \omega_n)$，可得综合评判 $B = W \circ R$

其中权重 $W_1 = (\omega_1, \omega_2, \cdots, \omega_n)$ 满足 $\sum_{i=1}^{n} \omega_i = 1$，" 0 " 为取大—取小合成算子；$B_1 = (b_1, b_2, \cdots, b_n)$ 为评判结果，$b_j (j = 1, 2, \cdots, n)$ 为第 j 个评判的隶属度，根据最大隶属原则，最终的评判决策结果为 $\max_{1 \leqslant j \leqslant n} \{b_j\}$ 所对应的评判。

2.2.3 综合评价

综合评价是针对某一对象实施的综合性评估。如果系统存在相似性，需要对系统的健康情况、运行情况进行确定，这些情况是多属性的，需要立足多个指标来完成评价。在综合评价过程中，结合评价值能够确定评价对象的顺序和重要性，因此，综合评价法也叫作多变量综合评价法。当前，学者们关于综合评价的研究大多体现在两个方面：一方面是对综合指标进行分析，对其中的一些个性问题进行处理；另一方面是对综合评价模型进行研究，对其中的共性问题加以梳理和总结，并提出具体的处理方案。

综合评价，即对评价对象的多种因素进行综合考量，通过多种指标形成一个综合指标，然后展开评价。综合评价法即对被评价对象的多个方面进行多层面多角度评价。随着我国经济的持续发展，出现了很多安全生产方面的问题，这些问题时刻提醒着我们，要重视安全生产监管。为了推进我国安全生产监管工作，应该对安全生产监管方面的各种法律进行梳理和调整,提高法律的协调性和配套性，让法律体系与实际的管理情况更为匹配，形成良性监管局面。综合评价法有粗糙集理论、模糊评价法等，此后也发展出了聚类分析法、因子分析法、灰色评价法等。综合评价的特性有如下几个方面。

（1）在评价过程中，并非针对指标展开简单评价和逐次评价，而是要立足数学模型来进行评价。

（2）在评价过程中，要结合不同指标在评价过程中的作用来对指标赋权，明确不同指标的具体影响。

（3）立足评价结果，得到综合值，该值体现的不是某个指标的信息，而是事物的整体状态。

通常，综合评价涉及如下要素。

（1）评价主体。评价主体除了个人，还包括一些重要的组织。评价主体在参与评价的过程中，要进行评估目的分析，构建具体的指标体系，确定匹配的模型，进而在各因素的支持下确定研究所需的指标权重。在这些内容都确定之后，评价主体负责具体的事项执行。评价主体在活动中是推动者也是执行者，其作用是其他要素不可替代的。

（2）评价对象。目前，综合评价理论涉及的范围大大扩展，从此前的基本经济评价逐渐发展到覆盖社会多个方面的评价，比较常见的是技术水平评价、生活质量评价、环境质量评价等，在国家竞争力、组织能力和绩效管理等领域也有所应用。

（3）评价指标体系。评价指标是立足多个层面、多个角度对评价对象进行反映的，基于单一指标无法实现预期效果，而且实际评价中，必然要关注到多方面的因素，这些指标共同组建了指标评价体系。这些指标让所有的"具体"活动逐渐形成抽象意义，之后再回归到具体措施的层面。

（4）权重。综合评价中，对于影响力和重要性完全不同的指标，要进行不同程度的分析，其地位也存在主次区别。因此，权重能够对指标的评价效果进行反映。权重对于综合评价结果有着决定性影响，对综合评价的成败也会产生直接的影响。

（5）综合评价模型。综合评价中，需要构建数学模型。基于各种数学模型可以完成多种综合评价，形成统一的综合评价值。综合评价法聚焦的事物可以存在于多个领域，也可以是各时期的同一事物。对某个事物实施整体评价，或者对相同的事物展开主次分析，能够帮助决策者筛选有效信息，提升决策的合理性，最

终形成最优方案，达到提高资源利用率的效果，真正实现降本增效的目标。

要进行综合评价，就要妥善处理如下问题。

（1）要科学进行评价指标的选择。要遵循科学、公正、全面的原则来展开评价，在选取指标的过程中要尽量拓展覆盖范围。此外，也要保证操作的合理性，好的指标必然具备较好的操作性。

（2）要具备科学的评价标准。评价标准应该能够对评价对象进行合理的反映。评价时要关注事物具体的属性，了解评价对象在评价时所处的状态和具体情况。

（3）评价数据要参照特定匹配的标准。由于指标值之间不是完全相同的，其影响也是不同的，如果对完全不同的指标进行直接的评价，那么就可能导致很多问题，因此要对各种数据展开无量纲化操作。基于各种指标实际值进行归一化操作，能够得到具体的标准值。

（4）确定各项指标的影响力，明确不同指标的权重。明确权重对整体评价是极为重要的。在评价过程中应用相同的权重确定方法，如果使用的权重确定方法不同，那么最终的效果也是不同的。在权重确定的过程中，可以选择主客观两种方法。主观方法有德尔菲法等，客观方法有熵值法等。

1. 评价程序

综合评价的过程相对复杂，涉及很多要素，例如评价主体、评价对象、评价指标及权重等，在这些要素的共同影响下，可以形成最终的评价结果。综合评价的本质就是多要素综合评价的过程，期间会出现信息的交互和组合，这些信息相互影响、相互补充，形成了主客观信息体系。

评价过程为：首先，明确评价主体和评价目的，针对评价对象的各种属性实施针对性评价；其次，明确指标后可以结合主客观分析法来确定权重值；最后，结合权重值和指标属性选取匹配模型，结合模型得到评价结果。

① 明确评价主体

评价主体在评价活动中，作为执行者极为关键，在确定评价模型的过程中，承担着非常重要的作用，是确定指标权重的主要执行者。

② 明确评价目的

评价目的，即确定此次评价活动最终要处置和解决的具体问题，涉及的核心诉求，最终的实施流程和实施内容等。

③ 明确评价对象

在安全生产相关规范的制定过程中，要对安全生产主体的权责进行清楚的规定，对生产及监管主体的行为规范进行具体的规定。程序性规范是以方法、形式及规则为约束主体的法律规范，最终的目的就是让各种规范得到较好的执行。在我国安全生产法律体系中，针对具体操作行为制定的实体性规范比较多，但是以规则和方法等为规制对象的程序性规范却不多。综合评价对象的数量要在 1 以上，一般假设有 n 个被评价对象或系统，通常使用 $s_1, s_2, \cdots, s_n (n>1)$ 表示。

④ 明确评价指标体系

在评价工作中，评价指标是具体的执行载体。实体性规范往往受到更多关注，但是程序性规范却存在关注度不足的情况。程序性规范整体数量比较少，各方对其的关注度也不高，大部分监管执法部门都存在重实体、轻程序的问题。因此，要提高安全生产法律体系的合理性，就要在关注实体性规范的同时，也关注程序性规范，通过更为完善的安全生产监管流程来保障安全生产监管效果。评价对象会受到多种因素的影响，因此要基于众多指标来进行体现。综合评价通常需要应用多个指标，具体体现为多维向量的分析过程，系统中的各个部分可以对系统的某个方面进行体现。综合指标体系可以细分为若干部分。

⑤ 明确权重

结合综合评价的不同指标，可以对其作用进行分析，了解其重要性。权重就是对这种重要性进行体现，如果指标的权重越大，则其重要性就越高。$x_j(j=1,2,\cdots,m)$ 表示评价指标，w_j 表示权重，并且满足 $w_j \geq 0(j=1,2,\cdots,m)$，$\sum_{j=1}^{m} w_j = 1$。

⑥ 构建综合评价模型

在综合评价模型中，众多指标能够形成一个独立的综合指标，然后结合这一综合指标可以确定最终的评价结果，这是极为有效的工具。

⑦ 得出评价结果

确定综合评价值之后，要对其中的含义和数值进行分析，然后依据分析内容做出决策。评价主体在综合评价的过程中，要对评价方法形成积极、正确的认知。

评价结果不是固定的，在同类事物的对比过程中，可以形成不同的顺序。

2. 评价指标的分类和标准化

（1）评价指标的分类

通常用 $x_1, x_2, \cdots, x_m (m>1)$ 来对评价过程中的相关指标进行体现，指标类型如下。

偏大型指标：指标值越大，则其意义越好，这种指标一般被定义为效益指标。

偏小型指标：指标值越小，则其意义越理想，这种指标一般被定义为成本指标。

中间型指标：最后选择某个中间值来进行表达和分析的指标。

区间型指标：指标值在某个区间内最为理想的指标。

① 偏小型指标

对于偏小型指标 x，利用 $x'=\dfrac{1}{x}(x>0)$ 或者 $x'=M-m$，将指标 x 极大化。其中 M、m 分别为指标 x 的最大值、最小值。

② 中间型指标

对中间型指标 x 实施变换操作，如下：

$$x'=\begin{cases} \dfrac{2(x-m)}{M-m}, & m\leqslant x\leqslant \dfrac{1}{2}(M+m) \\ \dfrac{2(M-x)}{M-m}, & \dfrac{1}{2}(M+m)\leqslant x\leqslant M \end{cases} \quad （2-1）$$

该指标最大值、最小值分别用 M、m 表示，实施变换把 x 极大化。

③ 区间型指标

对区间型指标 x 实施变换操作，如下：

$$x'=\begin{cases} 1-\dfrac{a-x}{c}, & x<a \\ 1, & a\leqslant x\leqslant b \\ 1-\dfrac{x-b}{c}, & x>b \end{cases} \quad （2-2）$$

上述变换中 $[a,b]$ 是指标 x 的最好、最稳定的区间，$c=\max\{a-m, M-b\}$，M、m 分别是指标 x 的最大值、最小值，把指标 x 极大化了。

（2）评价指标的标准化

各指标 $x_1, x_2, \cdots, x_m (m > 1)$ 的数值及单位都是完全不一样的，导致这些指标无法对比，基于这种情况，综合评价就会变得更为艰难。因此，在综合评价的过程中，要进行无量纲化操作。

评价指标无量纲化操作之后，得到的数据更加适用于后续的研究，可以使用的方法有标准差法、极值差法、功效系数法等。

如果有 m 个评价指标 $x_1, x_2, \cdots, x_m$，每个指标有 n 组样本观测值 $x_{ij} (i = 1, 2, \cdots, n; j = 1, 2, \cdots, m)$，下面对其作无量纲化处理。

① 标准差法

$$x_{ij}^{'} = \frac{x_{ij} - \overline{x}_j}{s_j}, (i = 1, 2, \cdots, n; j = 1, 2, \cdots, m) \qquad （2-3）$$

其中 $\overline{x}_j = \frac{1}{n}\sum\limits_{i=1}^{n} x_{ij}, s_j = \left[\frac{1}{n}\sum\limits_{i=1}^{n}(x_{ij} - \overline{x}_j)^2 \right]^{1/2} (j = 1, 2, \cdots, m)$。

显然指标 $x_{ij}^{'} (i = 1, 2, \cdots, n; j = 1, 2, \cdots, m)$ 的平均值为 0，均方差为 1，且指标 $x_{ij} \in [0,1]$ 是无量纲的，$x_{ij}^{'}$ 为 x_{ij} 的观测值。

② 极值差法

$$x_{ij}^{'} = \frac{x_{ij} - m_j}{M_j - m_j}, (i = 1, 2, \cdots, n; j = 1, 2, \cdots, m) \qquad （2-4）$$

其中 $M_j = \max\limits_{1 \le i \le n}\{x_{ij}\}, m_j = \min\limits_{1 \le i \le n}\{x_{ij}\} (j = 1, 2, \cdots, m)$。则 $x_{ij}^{'} \in [0,1]$ 是无量纲的指标观测值。

③ 功效系数法

$$x_{ij}^{'} = c + \frac{x_{ij} - m_j}{M_j - m_j} \times d, (i = 1, 2, \cdots, n; j = 1, 2, \cdots, m) \qquad （2-5）$$

公式中 c、d 为已知的常数，c 为平移的量，d 为旋转的量，也就是放大或缩小的程度，$x_{ij}^{'} \in [c, c+d]$。若取 $c = 60$，$d = 40$，则 $x_{ij}^{'} \in [60, 100]$。

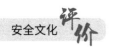

2.3.1 企业安全文化评价目的、立场、范围和时期

1. 评价目的

（1）可以比较精准地对企业安全文化进行反映，能够对企业的整体情况进行分析。基于企业安全文化状态的综合评估，可以从多个角度、多个层面对企业安全文化建设的具体情况进行分析，然后确定企业安全文化水平，形成最终的评价结论，让相关方对企业的安全文化形成整体的认知，为后续工作的全面开展奠定基础，确定依据。

（2）对企业安全文化中的不足进行总结和分析。基于企业安全文化评价报告的研究，从多个指标入手查找企业安全文化中的不足和问题。立足企业安全文化评价报告的分析，从多个分项指标中提取具体数据，之后结合评价数据及评价结论对企业中安全文化建设存在的问题进行总体分析，同时提出适合各部门、各环节的安全管理整改措施。

（3）为企业安全文化奠定基础指导。企业安全文化评价设置的各种指标，本质上是企业不同层面、不同视角的特点总结，也可以定义为企业安全文化建设的多级目标，然后结合指标评价标准的研究就能够确定不同指标标准，即企业在不同指标中的建设目标。基于此，企业安全文化评价除了能够从整体上判定企业的整体文化情况之外，对企业安全文化建设也有着极好的推动和指导作用。

（4）为政府安全生产监管部门提供有效的决策支持。当前，国家生产监督管理总局提出，在安全生产要素中，安全文化为首要要素，且安全文化也是其他要素的基础和核心。因此，对企业展开合理的安全文化评价，能够为政府安全生产监管部门提供企业的具体信息，确保其监管工作是合理有效的，为其安全生产监管提供强大的支持。

2. 评价立场

为了帮助企业更好地进行安全文化评价，确保各方利益能够更好地得到保障，确保最终的评价结果是真实可靠的，在评价的过程中应该从第三方立场角度进行分析，即引入专门的评价人员和评估专家组建成评估小组，结合评价指标体系中的预设内容来推进评价工作。评估小组在深度访谈、实地走访调查、问卷及调研的过程中，都应该坚定秉承第三方立场，特别是在指定指标评价的过程中，更应该做到客观真实。

3. 评价范围

企业安全文化评价过程中，基本的边界是企业，而企业本身是开放且独立的运作系统，在日常运营过程中会与外部的人员和环境交互，也会涉及物资及人员的互动。因此，企业安全文化评价过程中，首先应该确定以企业为主体的评价范围，然后对企业生产安全管理的各种环境进行分析，例如法律法规背景、政府监管要求、员工家属的间接影响等。

4. 评价时期

企业安全文化评价要在企业生产运营过程中的稳定阶段进行，即生产经营状态非常稳定，组织结构也非常成熟，人员团队比较稳定。通常，这一阶段的企业安全文化已经比较成熟，且发展较为平稳，评价结论的可信度更高。

2.3.2　企业安全文化评价概念模型

结合以上内容的分析，本文可以构建集企业决策层、管理层及执行层于一体的评价机制，对各方面内容进行宏观及微观角度的时期和时点分析，对内外部环境的空间情况进行分析，分别从企业安全文化评价指标体系和企业安全氛围评价指标体系角度搭建具体的评价系统，如图 2.2 所示。

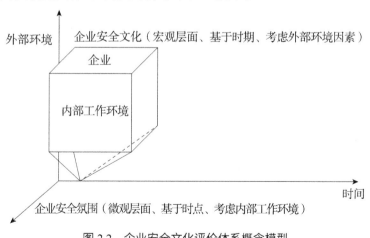

图 2.2　企业安全文化评价体系概念模型

这一概念模型可以帮助企业构建安全文化评价指标体系，并且能够为这一体系的构建提供明确的概念性架构，便于与此前的研究结论对比，进一步确定了安全文化指标，梳理了安全文化氛围的概念，改变了此前存在的指标遗漏和体系空白的现状。

结合评价体系的综合逻辑框架，能够将企业安全文化评价设计为不同的指标子系统，这些系统彼此补充、相互独立。企业安全文化评价指标体系有利于对企业长远的安全文化状况进行分析，其持久性及稳定性是非常好的；企业安全氛围评价指标体系能够对企业安全文化状态进行较好的体现，其特点是具有动态性和不稳定性，还具有突出的即时性，是企业安全文化在目前时点形成的一种投影。

将目标企业安全文化状态分别引入不同指标体系中并加以评价，从微观及宏观角度，从不同的时期和时点，从内外部环境等众多维度，对企业的安全文化情况进行综合分析，可以帮助企业明确长远安全文化建设的基本目标，帮助企业形成切实可行的整改策略。

2.3.3 企业安全文化评价步骤

企业安全文化评价要遵循一般系统评价的基本原理和相关的要求，结合明确的评价问题展开系统性分析，对各种评价资料进行收集，确定具体的评价指标，建立指标体系，选择合理的评价方法展开评价，计算评价值，进行综合评价并得出结论，具体情况如图 2.3 所示。

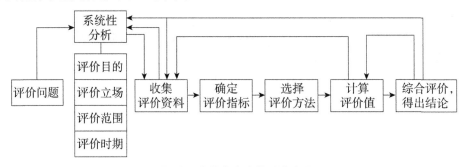

图 2.3 企业安全文化评价步骤

1. 系统性分析

结合阐述的评价问题，在对企业安全文化进行评价的过程中，应该确定评价的现实需求及必要性，对企业安全文化评价的目的进行分析，明确评价立场、评价范围及评价时期。

2. 收集评价资料

在对企业安全文化进行掌握和理解之后，结合安全文化及安全氛围的不同表征维度，对目标企业展开具体的调研，对各种评价资料进行收集，例如对企业安全目标、安全管理制度进行调查和梳理等。

3. 确定评价指标

首先对前人的研究成果进行研究、学习和总结，并有针对性地展开实地调研，对企业安全文化评价体系的具体情况进行设计和选择；然后结合企业安全文化评价体系概念模型，构建与企业实际情况相匹配的安全文化指标体系及安全氛围指标体系，在最末级别，应该以直接量化指标为核心，确定具体的评价标准。

4. 选择评价方法

结合企业安全文化及安全氛围评价指标体系在运行中的特点和不同级别分项指标的特点，引入匹配的评价方法，确定各种指标最终的权重，从而实现清理无效数据和低质数据的目的，对各种可信数据进行留存，客观真实地评价企业安全文化的实际情况。

5. 计算评价值

通过对目标企业的具体调研，对企业文件资料的整理，采取问卷调查及观察等方式，提取企业的各种数据资料，确定企业安全文化及安全氛围发展过程中的末级指标，然后展开数据计算，确定最终的级别评价和相关数值。安全生产管理体系应该具有稳定性、完整性、全局性，以对作业流程进行管理。安全生产管理体系应该遵从安全生产政策，以安全生产目标为导向，立足各种风险防控措施，保障生产安全，并进行安全推广。

6. 综合评价，得出结论

结合企业安全文化及企业安全氛围不同指标体系的评价情况，对指标展开安全文化整体情况的分析，确定目标企业安全文化的实际发展状态，进而形成客观真实的企业安全文化评价结论。

第 3 章

安全文化影响因素分析

3.1 安全文化内容

在安全管理过程中，相关部门制定了很多标准和制度，例如技术制度、管理制度等。在制度执行过程中，领导、技术人员及现场监督管理人员等，都是监督行为的主要实施者。与安全相关联的所有安全物质和精神产品都属于安全文化的范畴，具体包括安全的态度、行为准则、约束机制和相关设施等内容。

上述定义对安全文化层次进行了确认，即理念、制度、环境和行为文化。此外，从本质层面来看，安全文化内部逻辑与安全文化有着高度一致性。在建设安全文化的过程中，要从理念、制度、环境、行为等四个维度展开，如图 3.1 所示。

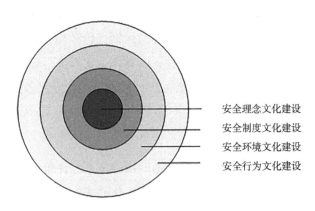

图 3.1　安全文化建设维度与范畴

3.1.1　安全理念文化

安全理念文化在整个系统中居于核心地位，具备深层次安全文化特点，是活动发展过程中形成的安全生产理念和精神产物。安全理念文化在培育过程中，应该将安全作为核心价值观，以科学的方式来提高安全意识。安全价值是企业对安全文化重视程度的集中体现，反映了企业安全文化建设的软实力。企业对安全的重视程度是安全价值的首要指标，代表着企业对国家安全生产方针，即"安全第一、预防为主、综合治理"的理解程度。

安全可达性即保证人的行为规范和物理环境的安全，也就是"一切事故都是可以预防的""零事故是一定可以实现的"。该理念反映了如果关于安全的每个细微问题都妥善解决，那么小事故的发生概率将会降低，重大事故的发生概率自然也会降低。安全效益是理解安全与企业经济效益的重要指标。实现安全生产能够使生产活动持续进行，减少生产中断造成的损失，还能够减少事故发生，降低医保成本和工伤成本，从而实现企业的经济效益。安全意识是员工对安全态度的集中体现，如果员工能够时刻对安全风险保持警惕的状态，拥有处理安全风险的能力，那么就能够实现行为本质安全。安全承诺反映企业管理层对安全的态度，表明企业能够将安全纳入企业战略，使其成为企业愿景的一部分，也是安全价值的体现。

3.1.2　安全制度文化

安全制度文化作为一种外显文化，得到了所有参与者的认可和支持，促使安全环境文化及理念文化实现了融合化发展。安全制度文化建设涉及两个层面的内容：一是构建规范有效、积极完善的安全制度，针对所有的安全管理制度、规则和体系打造定期审查机制；二是优化安全制度，让公众及其他的组织团队对这一制度形成了较高的认可度，能够在自己的安全认知中对制度内容进行融入。安全制度是安全文化建设的制度层面，反映了企业进行安全生产的约束。企业进行安全建设需要正确的引导，应急管理部 35 号令规定的 10 项规章制度是企业建设安全文化的政策依据，能够引导员工加强行为安全。明确安全责任是进行安全文化建设的分工依据，安全不仅仅是行为操作安全，还涉及多个方面的因素，通过设置连带责任能够使每个员工始终保持对安全的敬畏。安全检查制度是排除企业安

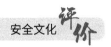

全隐患的重要手段，安全检查制度要规定每一项内容的责任人和检查步骤、内容，以保证不会出现漏检，提升企业安全业绩。安全奖惩是激励员工采取安全行为的重要手段，正向的激励能够激发员工对安全文化的正确认识，惩罚能使员工认识到自身的不安全行为，从而提升安全文化水平。安全制度能够使员工不断更新安全知识，紧跟时代安全思想，切实提高员工安全意识和安全能力。安全交流制度能够使企业对自身保持着十分清醒的认识，还能够摸清自身与兄弟企业的差距，从而采取有针对性的措施。

3.1.3　安全环境文化

安全环境文化建设需要明确政府主导地位，统筹规划，主要由政府等设置相应的检查规范、检查标准，负责承担和规范三种监管模式，并坚持政企分开的原则，全面规划，分清楚市场、政府及社会三者之间的权力边界，提高安全文化规范性。安全硬件是企业落实安全文化建设的环境载体，也是采取其他安全措施的安全环境文化建设需要明确政府主导地位，统筹规划，主要由政府等设置相应的检查规范、检查标准，负责承担和规范三种监管模式，并坚持政企分开的原则，全面规划，分清楚市场、政府及社会三者之间的权力边界，提高安全文化规范性。安全硬件是企业落实安全文化建设的环境载体，也是采取其他安全措施的基础。设备设施安全是企业进行安全生产的重要保障。如果员工对设备的安全满意度低，那么员工就会采取消极的态度对待企业安全文化建设；如果设备安全度高，那么员工就会提高安全思想认识，提升安全业绩。必要的安全载体是对员工进行安全宣传和安全教育的重要载体，能够使员工积极更新安全知识，学习新的安全规章制度，提升自身安全素养。安全技术是实现生产安全的重要保障，企业不断更新安全技术手段，有利于降低安全风险，减少安全风险来源，提高安全水平。安全标志作为对员工生产作业的警示，能够提醒员工注意安全，使员工时刻保持安全警醒的状态。安全防护也是提高安全水平的重要手段，采取必要的安全防护措施能够大大降低安全事故发生的概率。

3.1.4　安全行为文化

安全行为文化是非常重要的安全氛围体现，在安全宣教以及各种警示教育的过程中有着非常重要的影响，能够帮助参与者在日常形成安全思考的理念，让他们主动学习安全文化知识，重视自身安全行为的精准度。安全行为是安全文化在企业的具体落地，是连接安全文化与实际生产的纽带。安全文化的保障不仅仅是制度的制定，更重要的是制度的落实；强有力的制度执行是安全业绩提升的重要前提。企业管理者是企业安全文化建设的重要推动者。强化企业管理者的安全领导力建设有助于自上向下推动安全文化建设，这些管理者也是员工做出安全行为的标杆。安全预警能力是企业应对安全事件的重要保障，良好的预警状态能够降低企业安全事故发生的概率，提高员工自救和他救的概率，降低危害程度。安全应急能力是企业进行救援的综合反映，安全应急能力越强，则企业的安全状况也就越好。良好的认知能力是员工认识安全风险和采取安全措施的重要前提，只有保持良好的认知状态才能使企业降低安全风险。安全作为一项系统工程，系统的状态会随时改变，保证持续改进能力是提升安全水平的重要举措。

3.2　安全文化影响因素

3.2.1　安全理念文化影响因素

1. 风险防范意识

风险防范意识是从事工作时，对可能发生的安全风险和威胁产生的一种积极心理状态。防范外界存在的安全风险，具备充分的安全意识是保障员工安全的前提。2021 年修订的《中华人民共和国安全生产法》指出用人单位要通过宣传、教育等手段提高劳动者的安全风险防范意识。Yu Kai 等（2019）、李光荣等（2018）、高子清（2014）、陈刚等（2019）指出安全防护意识、安全意识对减少不安全行为、改善员工安全绩效、提高安全管理水平具有重要影响。企业可以通过安全教育培训、安全知识宣传等活动提升员工的安全防范意识，一旦员工对各种安全风险因素有着充足的防范意识，那么员工就会遵守各项安全规章制度，对风险因素多加注意，能够正确佩戴个人防护用品，降低安全危害发生的概率，对提升安全管理水平有着重要的影响。

2. 安全风险感知能力

安全风险感知能力能够帮助员工有效地感知、识别作业环境中的安全风险并及时采取有效的防控措施。拥有足够的安全专业技能对保障员工的安全有着重要的意义，在出现安全风险时，员工能够采取必要的措施保护自己或者他人。Mostafa Namian 等（2016）、Reiman 等（2004）指出较高的危险识别和安全风险感知水平，有助于安全危害的防范。企业可以通过安全教育培训增强员工的安全风险感知能力，一旦发生安全紧急事件，员工能够做出正确的处理，这对提高安全管理水平有重要的意义。

3. 安全知识知晓率

员工对安全知识的知晓情况影响着安全管理工作，员工通过安全教育培训学习安全管理相关规章制度知识、安全危害及其防护知识，在生产作业过程中能够自觉遵守相关规则、自觉使用防护用品，提高安全防护能力，降低安全危害程度。张丽江等（2019）、高子清（2014）、陈刚等（2019）指出安全危害防治知识、安全卫生知识认知情况对安全管理水平具有较大的影响。因此，企业应加强对员工安全制度相关方面的教育培训，提高员工的安全知识知晓率，促进员工自愿遵守安全规程，从而全面保障员工的安全。

4. 安全行为意愿

员工的安全行为能够有效避免安全危害的发生，对安全管理水平有着直接的影响。张景钢等（2019）指出组织管理者忽视员工的想法将使得员工感到未受到尊重，从而产生不安全行为。赵海颖等（2020）指出群体信任对个体不安全行为产生显著负向影响。如果企业管理者尊重和信任员工，那么员工对企业的归属感就更强。企业管理者以身作则，以企业规章制度为准绳，不掺杂个人行为，在员工心目中树立良好的公平和正义形象，经常倾听员工的意见，采纳合理的意见，可以增强员工的主人翁意识。员工就会以极大的责任感去工作，遵守企业的安全规章制度，降低企业安全风险。张倩等（2019）、张燕等（2015）指出组织公平感对员工的不安全行为有显著影响。只要员工认为报酬合理、公平，就会遵守各项规章制度，完成相应任务，达到责利均衡；如果这种平衡被打破，那么员工就会产生情绪，间接对安全产生影响。

马宇鸥等（2021）指出管理者做出违规行为提高了员工不安全行为的发生率。员工情绪能够影响员工工作的积极性和主动性，而员工情绪与责任匹配有很大的关系，如果员工的责任和惩罚、奖励相匹配，那么员工就会遵守企业的安全规章制度。奖励遵守安全规章制度的员工就是变相激励其他员工遵守安全规章制度，从而降低安全风险，从整体上提高煤矿的效率和效益，形成良性循环。杨雪等（2020）指出积极情感事件能抑制不安全行为发生，消极情感事件能促进不安全行为发生。如果企业管理者经常对员工进行情感关怀，那么员工的存在感、归属感就会大大增强，员工就会在工作中更加遵守安全规章制度。同时，对员工的情感关怀有利于培养员工的积极情绪，员工更愿意接受企业的管理和安全规章制度的约束，降低有损安全行为的风险，同时有利于保障员工的身心健康。员工会积极参与安全教育培训，提高安全风险防范意识和风险感知能力，能够正确穿戴个人防护用品，做出安全行为。

3.2.2　安全制度文化影响因素

安全管理是为了实现企业的安全零风险，保证员工的全生命周期安全。根据安全危害致因机理，管理缺陷（规章制度管理缺陷、员工个体防护用品管理缺陷以及安全防护设备管理缺陷等）会导致人员的缺陷、物质设备的缺陷以及环境的缺陷，最终导致安全危害的发生，它是安全危害发生的根本原因。因此，企业要从管理因素方面进行分析，找出具体的影响因素，克服管理缺陷。安全管理工作涉及的因素众多，不同的管理因素对安全管理目标的实现具有不同的作用。这些因素管理到位就能促进安全管理绩效的提升，促进安全管理目标的实现。

1. 安全方针目标管理

安全方针目标是企业实施一切安全管理活动的指引和方向。企业应坚持健康第一、预防为主和防治结合的管理方针。生产目标是指导企业生产的总安排。在国家安全相关法律法规制度规定下，企业应当把安全作为一项重要内容纳入企业生产目标。建立企业安全目标并将企业安全目标纳入企业生产体系，有利于员工规范自身行为，也为奖惩提供依据，对提高企业管理者和员工的安全意识起到十分重要的作用。Wanhua Zhao（2019）指出企业决策中的企业安全卫生管理指导

方针对行业安全管理绩效具有影响。祁慧等（2018）指出制定的方针、规则等对员工制度遵从行为、组织安全绩效有显著影响。因此，企业需要科学、谨慎地对待方针目标的制定工作，要制定出科学、合理、明确的目标，同时，能够对目标进行科学分解，并将目标落实到每个部门、每位员工。

2. 安全组织机构管理

组织机构是安全管理的基础，能够很好地帮助企业进行安全管理。2021 年修订的《中华人民共和国安全生产法》规定用人单位要建立健全安全管理机构或者组织，同时要为组织机构配备合理的、专职或兼职的安全管理人员。Wanhua Zhao（2019）指出企业日常管理工作中的管理机构的设立对行业安全管理绩效具有影响。杨西海等（2014）指出建立管理组织、落实管理责任有助于提高安全管理水平。Ryu Hosihn 等（2018）指出组织体系对员工糖尿病状态有显著影响。综上，企业应根据安全管理工作的实际需要建立科学合理、体系化的组织机构，配备合适的工作人员，明确每位员工的岗位职责，做到分工明确、合理，能够与企业内部其他相关部门高效、顺畅沟通。企业安全管理机构要保证能够正常运行，能够起到应有的作用，确保安全管理工作正常运行。

3. 安全规章制度管理

制度对生产具有约束作用。为强化企业安全管理，企业应当建立健全企业安全管理相关制度，强化企业安全管理相关工作，开展科学防治工作，最大限度降低企业安全风险。《中华人民共和国安全生产法》规定用人单位要建立健全安全管理相关的规章制度，如安全防治责任制等，为安全管理提供依据。《中华人民共和国安全生产法》规定用人单位应建立或完善安全危害防治责任制度、安全防治宣传教育培训制度等相关制度。Vinodkumar 等（2010）指出安全规章制度对安全绩效具有直接或者间接的影响。Yu Kai 等（2019）指出管理因素方面的安全规章制度是煤炭化工企业安全健康管理的影响因素之一。季丽丽等（2020）指出基础管理维度中的责任制度是影响安全防治的主要影响因素之一。所以，企业应根据《企业安全规程》、2021 年修订的《中华人民共和国安全生产法》等法律法规细化本企业的安全管理制度。在编制安全管理规章制度时，制度内容应结合企业安全管理实际，要合理、完备且可操作。企业安全管理制度体系需要涵盖所有的安全管理工作，企业需要根据企业内外部条件的变化，有计划地对安全管理制度体系进行修订、完善，并及时更新制度内容。

4. 安全资金投入管理

企业安全资金投入主要包括安全教育培训费用、工伤保险费用、安全监测设备投入、安全体检费用、安全检测评价费用、安全防护设备设施和个人防护用品费用、安全信息化建设费用以及安全监护（诊断、治疗、康复等）费用等。加大安全资金投入有助于提升企业安全管理水平。《中华人民共和国矿山安全法》与《中华人民共和国安全生产法》对企业安全生产方面的费用投入都做了规定，而且明确安全生产费用必须用于企业安全生产条件的改善，做到专款专用。Fu-chuan Jiang 等（2020）指出在安全投资方面，应从人、机、环及三者的交点这四个方面确定投资内容，为企业安全投资决策提供理论依据和指导，其目的在于提高企业的安全与安全管理水平。为了防治、消除安全危害，企业要做好安全资金投入管理工作。通过加大安全资金投入，开展员工教育培训、更新监测设备、推进防护设备的工艺改革与改进，进而改善企业员工的安全管理意识，改善企业员工生产作业环境，从根本上提高企业的安全管理水平。企业每年需要根据自身安全管理情况制定科学合理的安全资金投入预算，按照相关规定提取足够的安全管理费用；在资金使用时，要科学合理，做到专款专用，要严格记录每笔费用的流向。

5. 安全危害防治管理

国家安全生产监督管理总局令第 47 号《工作场所职业卫生监督管理规定》等规定有安全危害的单位要制定合理的安全防治计划以及实施方案。Ayu 等（2021）指出安全计划的实施对工人劳动生产率有显著影响。曹宏安等（2011）指出企业要制定危害防治计划、实施方案，重视安全危害防治工作，使员工加深对安全危害防治工作的认识。孙启华（2014）指出企业要做好安全危害防治工作，提高安全管理水平。徐绮庆等（2018）指出化工企业要加强安全卫生档案管理工作，要结合企业实际，制定安全防治年度计划，细化实施方案。企业每年要制定企业安全危害防治计划及实施方案，做好安全防治管理工作，在年度计划当中，要明确防治目标、具体的进度安排以及具体的防治措施（包括粉尘防治、噪声防治、有毒有害气体防治等措施），还要明确考核指标以及考核评价方法等内容。

6. 安全危害项目申报管理

针对安全危害项目申报管理,《中华人民共和国安全生产法》规定用人单位应当向所在地安全生产监督管理部门及时、如实地申报工作场所的危害项目。季丽丽等(2020)指出做好安全前期预防工作,如安全危害项目申报工作,有助于提升铁路机车制造企业安全防治水平。何国家等(2014)指出企业安全危害项目申报工作亟待加强,企业应积极落实安全危害防治主体责任,依法如实申报企业所存在的安全危害项目,加强对企业安全危害因素的监督管理,做好企业安全危害防治工作。企业应及时、如实、完整地填报《安全危害项目申报表》及相关申报内容并以电子文档和纸质文档这两种方式上报辖区内的各级安全监察部门。

7. 安全教育培训管理

企业安全教育培训是指企业对管理人员、技术人员等企业员工进行的安全管理法律法规、规章制度、安全危害防治技能措施等知识的普及、宣传、教育和培训,从而提高员工的安全防治知识知晓率,提升员工的安全风险防范技能,增强员工的安全防范意识,提升员工的安全风险感知能力,进而避免安全危害的发生,提高员工的安全水平。在安全教育培训管理方面,《中华人民共和国矿山安全法》《中华人民共和国安全生产法》、2021年修订的《中华人民共和国安全生产法》等都规定了用人单位要对劳动者进行安全教育培训,要做好教育培训计划、教育培训记录以及考核等工作。王琼(2020)、席琦琦(2020)、劳晓毅(2020)指出安全教育培训管理对提高企业的安全管理水平具有一定的作用。季丽丽等(2020)指出基础管理中的培训教育管理是影响铁路机车制造企业安全防治管理的主要因素之一。所以,企业应该努力做好安全教育培训管理工作,促进企业安全管理水平提升,保障企业员工的安全。

为了确保企业安全教育培训取得良好的效果,企业要认真做好安全教育培训管理工作,建立安全培训制度,明确员工的培训需求并结合培训需求制定科学合理的教育培训计划和内容,根据要求对管理人员、技术人员及其他企业员工开展安全教育培训工作。企业要构建任务分工明确的安全教育培训机构,建设一支高素质水平的安全教育培训教师队伍,同时,安全教育培训结束后,还需要注重对员工安全教育培训效果的考核工作,这些都是影响企业安全教育培训管理水平的重要因素。整个安全教育培训过程中,企业还要做好培训档案和培训记录管理工作。

8. 工伤保险管理

在工伤保险管理方面，《工伤保险条例》《安全生产许可证条例》、2021 年修订的《中华人民共和国安全生产法》等法律法规都明确规定了用人单位应依法为企业员工参加工伤保险且缴纳保险费用。陈刚等（2019）指出企业完善工伤保险制度，根据要求积极做好工伤保险管理，能够充分发挥工伤保险预防安全风险的作用。企业要为与其存在劳动关系的员工足额缴纳工伤保险。工伤保险不仅能够使员工人身伤害补偿水平得到加强，还能够使企业的风险得到分散。企业要积极做好工伤保险管理工作，确保全员参保。

9. 安全危害因素日常监测

员工安全与企业作业环境有着重要的关系，企业需要对工作场所安全危害因素进行日常监测。安全危害因素监测属于前期预防的范畴。通过安全危害因素日常监测，企业能够实时掌握安全危害因素的浓度和强度，一旦发现问题可以及时采取措施进行管控。《中华人民共和国安全生产法》规定用人单位要进行安全危害因素日常监测，由专人负责，确保监测系统正常运行。尹中凯等（2019）指出通过综合监控系统对作业环境的粉尘、瓦斯等进行实时监测监控，及时了解粉尘和瓦斯的浓度，能够有效提高安全危害防治管理水平。企业要根据有关规定要求，认真做好安全危害因素的监测工作，要设定足够的安全危害因素监测点并配备高精度的监测设备，使监测点能够覆盖到所有需要监测的范围。

10. 安全危害因素检测、评价

安全危害因素检测、评价属于前期预防的范畴。通过安全危害因素检测、评价，企业能够掌握自身安全危害概况，便于采取针对性管控。2021 年修订的《中华人民共和国安全生产法》《中华人民共和国尘肺病防治条例》等规定用人单位应根据规定定期对工作场所进行安全危害因素检测、评价，并如实公布评价报告情况。季丽丽等（2020）指出现场管理中的安全危害因素检测、评价是影响安全防治管理的主要因素之一。企业要根据规定委托第三方机构对工作场所进行安全危害因素检测、评价，根据检测、评价结果制定相应的整改措施，并向各级企业监管部门上报检测结果。

11. 生产布局管理

生产布局是对生产的安排，需要根据不同的生产工艺、不同工作面的特点进行设计。2021 年修订的《中华人民共和国安全生产法》、国家安全生产监督管理总局令第 47 号《工作场所职业卫生监督管理规定》要求用人单位工作场所的生产布局要合理，有害与无害作业要分开。尹中凯等（2019）指出在平面布置上合理布局、合理规划和布置场地内各区域、合理布置监测点等能够有效保障企业安全危害防治工作，保障矿工的身体健康。喻馨兰等（2013）指出项目选址、总体布局、生产工艺及设备布局等对某石油化工企业建设项目的安全危害管控具有影响。因此，企业要根据具体的要求合理地进行生产布局。

12. 安全辅助用室设置

在辅助用室设置方面，2021 年修订的《中华人民共和国安全生产法》《工作场所安全卫生监督管理规定》要求用人单位根据安全危害的实际情况设置更衣间、洗浴间等辅助用室。Pornpimol Kongtip 等（2007）指出餐厅、工作区、休息区、更衣室、浴室等福利设施对泰国的中小企业安全和安全管理具有一定的影响，能够促进管理水平的提升。杨泽云等（2011）指出辅助用室能够避开有害物质和高温等对员工健康的影响，企业应根据相关规定的要求及企业实际需要设置辅助用室。所以，企业应根据实际情况设置辅助用室，辅助用室要避开安全危害因素的影响，同时，要保证采光和通风良好。

13. 安全防护设备设施管理

企业安全防护设备设施主要包括防尘、防有毒有害气体、防噪等设备设施等。2021 年修订的《中华人民共和国安全生产法》《使用有毒物品作业场所劳动保护条例》《工作场所安全卫生监督管理规定》要求用人单位必须采取有效的安全防护设备设施，改善工作条件，为员工提供一个安全的环境。Wanhua Zhao（2019）认为在企业的日常管理工作中，防护装备和防护设施是影响施工企业安全管理的要素之一。尹中凯等（2019）提出做好劳动防护设备设施管理，能有效提高安全危害防治管理水平。杨西海等（2014）指出强化安全防护设备设施管理工作有助于提高安全管理水平。季丽丽等（2020）指出现场管理中的防护设备设施管理是影响安全防治管理的主要影响因素之一。所以，企业要积极做好安全防护设备设施管理工作，配备完善的安全防护设备设施，建立安全防护设备设施台账，确保安全防护设备设施数量达到要求、位置设置合理；员工按照规范要求科学合理地使用安全防护设备设施；做好设备设施技术改造和技术创新，提高设备设施的防护性能；经常对设备设施进行维护、检修以及定期检测，保证设备设施性能和效果，使其处于正常工作状态，同时要做好维护、检修和定期检测记录。

14. 员工个体防护用品管理

个体防护用品是企业员工规避安全危害的最后一道防线，它对保障企业员工安全至关重要。为了保障企业员工的安全，企业应根据相关法律法规的要求做好员工个体防护用品管理工作。《个体防护装备配备基本要求》（GB/T 29510—2013）以及《煤矿职业安全卫生个体防护用品配备标准》（AQ 1051—2008）等规定用人单位必须为劳动者发放符合要求的个体防护用品，做好记录并确保员工能够正确使用。尹中凯等（2019）指出在劳动防护方面，做好个人防护管理，可以有效提高安全危害防治管理水平。杨西海等（2014）指出强化个体防护装备管理工作能够促进德上高速安全管理水平的提升。王琮（2020）、席琦琦（2020）、劳晓毅（2020）指出个人防护用品管理能够有效提高企业的安全管理水平。所以，企业应结合各个岗位的需求，购置数量充足、种类齐全、质量达标的个体防护用品，根据要求为企业员工发放并做好发放记录，指导和督促员工正确使用，严格执行劳动防护用品过期销毁制度，并做到个体防护用品定期更换。

15. 安全危害警示标识管理

关于安全危害警示标识的管理工作，《工作场所职业病危害警示标识》（GBZ 158—2003）等都明确规定了企业要设置明显的安全危害警示标志、公告栏、告知卡等警示标识，明确安全危害因素的危害情况和防护措施等内容。尹传卓等（2019）指出夯实安全管理的一个举措是设置警示标识。薛屹峰等（2018）指出安全警示设施是影响施工现场安全管理的环境因素之一。陈刚等（2019）指出警示标识使用不符合标准是导致群发性尘肺病和中毒的重要原因之一。因此，企业要做好安全危害警示标识管理工作，通过警示标识、中文警示说明明确工作场所、工作岗位存在的安全危害及其预防、救治措施等。警示标识由企

业统一制作，设置的数量、具体放置的位置也是根据安全危害的实际情况而确定的。同时，企业也要做好对已安装的警示标识的日常维护和管理，避免出现损坏的情况。

16. 安全隐患管理

隐患管理是为了及时发现安全相关问题并及时处理，做到隐患的闭环管理，避免安全危害的发生。《安全生产事故隐患排查治理暂行规定》要求生产经营单位建立健全事故隐患排查治理制度，做好隐患排查治理工作，采取有效的管控措施实现隐患的整改、复查和销号，及时消除隐患。尹中凯等（2019）指出安全监督作为安全危害防治工作之一，通过建立安全危害排查制度，做好隐患排查管理，确定隐患整改落实等工作，能够有效推进企业安全危害防治工作。尹传卓等（2019）指出强化隐患整治、狠抓习惯性违章与重复隐患治理等工作能够促进安全管理水平不断提升。企业要认真做好安全隐患管理工作，通过日常检查或者定期检查工作对生产过程中、作业环境中存在的安全隐患进行排查，对检查出的问题及时进行整改、复查以及销号，防患于未然，防止企业安全危害的发生。在安全隐患排查过程中，检查人员应根据具体的检查工单逐条进行隐患排查，应有专门的人员负责隐患资料的收集与整理。企业要做好隐患记录台账，明确隐患的位置、内容、后果以及整改内容，确保责任人能够在要求的时间内及时、准确地完成隐患整改工作。

17. 应急救援管理

应急救援管理是指企业为应对突发事件，建立应急救援机制，采取一系列的必要措施，保障企业员工的生命财产安全等。在应急救援管理方面，2021年修订的《中华人民共和国安全生产法》明确了用人单位要建立健全安全危害事故应急救援预案，定期开展应急演练，并向上级部门上报演练情况。王琼（2020）、席琦琦（2020）、劳晓毅（2020）指出安全应急管理对提高企业的安全管理水平具有一定的影响。季丽丽等（2020）指出安全应急管理，包括应急预案、应急演练以及应急措施管理等，是影响铁路机车制造企业安全防治管理的主要因素之一。企业要认真做好应急救援管理工作。根据有关法规要求，企业应编制完善的安全应急预案并定期进行修订。安全应急预案是为确保企业在生产过程中发生安全危害事故时，能够有依据、快速、有效地排除险情，能够及时有效地进行救援、处理，最大限度降低安全危害事故所带来的伤亡和损失而制定的。企业还要配套相应的应急救援装备，并保证装备处于正常状态。企业要定期开展应急演练，采用多种形式而且注重实际效果，在演练过程中能够及时发现存在的不足之处并不断完善。

18. 安全监护管理

在安全监护管理方面，2021 年修订的《中华人民共和国安全生产法》明确指出用人单位要对劳动者进行上岗前、在岗期间和离岗时的安全检查，将检查结果以书面形式告知劳动者，为劳动者建立安全监护档案。未经岗前检查的和有安全禁忌的劳动者不得从事接触安全危害的作业。《企业安全规程》明确规定，企业要为每个员工建立个人监护档案，同时，企业要确保档案齐全、管理规范。除了上面的检查外，安全监护管理还包括安全应急检查。在企业发生了安全危害事故或者某个区域的安全危害因素浓度或者强度明显增加的情况下，企业需要对涉及的员工进行安全应急检查。Wanhua Zhao（2019）指出企业要定期开展全员安全体检并为员工建立健康监护档案。王琼（2020）、席琦琦（2020）、劳晓毅（2020）指出安全监护对提高企业的安全管理水平具有一定的影响。因此，企业应根据安全管理相关法律法规进行安全监护管理工作，做好员工的安全检查管理和安全监护档案管理工作，有助于提高安全管理水平。

19. 安全危害告知

《中华人民共和国安全生产法》规定用人单位要明确作业环境、工作岗位涉及的安全危害、后果及其防护措施等。何晓庆等（2014）对金华市中小型企业安全危害告知率进行调查，根据调查结果得出的结论是，中小型企业危害告知率较低，中小型企业应如实告知临时工从事岗位的安全危害及防护措施。何国家等（2014）强调在与员工签订劳动合同时，企业要告知其岗位存在的安全危害及其防治措施等。所以，企业在与劳动者签订劳动合同时，要如实告知其作业环境中、生产过程中可能存在或者产生的安全危害、后果及防护措施，明确劳动者的具体工种以及该工种可能接触的安全危害因素、可能导致的安全危害，以及企业应采取的安全危害防治措施等内容。不同的工作岗位涉及的危害类别、防护措施、防护用品等各不相同，企业要实施分类告知。安全危害告知情况要通过文件的形式记录下来，同时企业要与劳动者进行安全危害告知确认，不能对劳动者进行安全

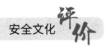

危害隐瞒或者欺骗。

20. 安全病人保护

在安全病人保护方面,《中华人民共和国安全生产法》对安全诊断与安全病人保障做了明确规定,具体如下。①安全诊断与鉴定。如果企业当中有员工或者疑似安全病人提出诊断申请时,企业要及时安排其到指定的机构进行诊断,不能够无理由拒绝。此外,企业要将诊断的结果、鉴定相关材料如实、及时反馈给员工,不可以以任何理由不提供结果和证明。②安全治疗、检查及康复。企业要尽快安排安全病人在家中或者在医院及时进行治疗,要定期安排安全病人进行安全检查与安全康复。这个过程中产生的费用均由企业来承担。③安全病人安置。企业要对安全病人妥善安置,将其调整到合适的工作岗位,即使工作变动了,但是工资待遇不变。在工作期间,员工依旧享有医疗保险、住院补贴、工伤补助以及其他相应赔偿等。

21. 安全监督检查

针对安全监督检查工作,《工作场所安全卫生监督管理规定》、2021年修订的《中华人民共和国安全生产法》规定了用人单位要做好对本单位各部门、工作场所的安全监督检查工作,认真履行监督检查职责,记录检查结果并根据检查情况积极采取应对措施。Stig Winge 等(2019)指出实时监督不足是事故发生的致因因素,企业要重点进行安全监督管理,以提高安全与安全管理水平并降低事故发生率。尹中凯等(2019)指出为了能够有效推进企业安全危害防治工作,保障矿工的身体健康,企业应该做好安全监督检查工作,确保员工作业环境健康,保障员工身体健康。安全监督检查主要通过制订检查计划,明确检查内容,做好安全监督检查实施工作,做好检查记录,找出潜在的问题,然后提出消除或者控制不安全因素或行为的具体措施,对责任人整改情况进行复查等,将隐患消除在事故之前,确保员工身心健康。

22. 安全管理信息化建设

企业应该充分发挥信息化的作用,为企业安全管理提供参考和数据支撑,提高企业安全危害因素监测的水平,有效提高企业防治安全危害的效率,利用信息化、智能化手段提高安全管理水平。国家卫生健康委关于加强职业病防治技术支撑体系建设的指导意见指出要提高安全防治的信息化水平。《"健康中国2030"规划纲要》提出要建设健康的信息化服务体系，创新安全管理模式。《国务院关于实施健康中国行动的意见》提出要强化信息支撑，推动部门和区域共享健康相关信息。刘建庆（2016）提出利用信息化工具可有效提高企业安全管理的工作效率，提高统计数据的准确性。孔博等（2019）指出通过铁路职工健康管理系统实现对职工健康的全过程信息化管理，有助于铁路职工安全管理水平的提升。因此，企业应提高安全管理信息化程度，借助信息化工具提升安全管理水平。

3.2.3　安全环境文化影响因素

物质设备是影响企业安全管理绩效的重要因素。物质设备主要是指企业安全防护设备设施、个体防护用品等，包括防尘设备、防毒设备、防噪声设备、防高温设备、防振设备、通风设备、防火设备、防瓦斯设备和职业危害监测监控设备等。根据安全危害致因机理可知，物质设备致因（物质设备的缺陷）能够导致物质设备出现不安全状态，使个体防护用品防护效果变差，使安全防护设备设施的防护效果不佳，最终无法达到降低或者消除安全危害的目的。先进的、完好的安全防护设备设施不易出现问题，易操作，能够高效地对安全危害因素进行监测、治理，达到源头治理的效果，能够明显降低安全危害的发生率或者降低事故的危害程度，可以极大地提高安全管理水平。《企业安全文化建设导则》规定用人单位要对安全防护设备、个人防护用品等定期进行维护、检修等，确保设备的性能和效果，保证设备正常。物质设备因素对企业安全管理绩效的影响情况主要体现在以下几方面。

1. 设备机械化水平

设备机械化水平是企业安全管理绩效的一个重要影响因素。企业设备机械化程度越高，越能够很好地控制安全危害因素，促使企业安全管理水平提高。企业机械化生产减少了一线员工的人数，降低了员工受到企业安全危害的可能性，避免了企业安全危害事故的发生。张少锋（2013）指出小型企业提升设备机械化水平能够促进安全生产，提高安全管理水平。潘虹（2014）指出采煤机械化改造有力促进了企业安全稳定发展，促进了社会和谐。

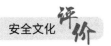

2. 物质设备完善情况

对于煤炭企业来讲，在生产过程中，综采、掘进等过程会涌出大量的有毒有害气体、粉尘等，运输过程也会产生大量的煤尘，这些安全危害因素如果治理不当将会对企业员工造成安全危害，甚至可能导致企业安全危害事故的发生。Anna H Østerlund 等（2017）指出设备（破损的机器或材料）增加了职业伤害的风险。Emrah Kazan 等（2018）认为设备防护系统缺失是造成事故发生的重要因素之一。成连华等（2020）指出企业职业病防护设备设施不完善对职业病危害质量效果有重大影响。为了确保员工的安全，避免企业安全危害事故的发生，提高安全管理水平，必须要保证通风设备、粉尘防护设备、瓦斯抽放设备等完好完善。

3. 物质设备保养合格情况

企业生产工作主要是由企业员工操作物质设备完成的。设备使用一段时间后需要定期进行保养，设备维修保养的质量将直接影响到设备的使用安全以及设备性能的正常发挥。设备的不安全状态将会影响到企业安全管理绩效，为企业安全管理埋下隐患，有可能导致企业安全危害事故的发生。确保设备保养合格率，能够有效控制设备的不安全状态，尽可能减少或者避免企业安全危害的发生。成连华等（2020）指出企业职业病防护设备设施质量差对职业病危害质量效果有重大影响。Ching-Wu Cheng 等（2013）指出设备、安全保护装置质量合格、可靠能够有效预防事故发生。

4. 安全防护设备更新改造情况

随着社会的进步与经济的发展，企业使用的生产设备、材料、工艺等，在设计过程中越来越人性化，越来越考虑员工安全。一般来讲，企业使用的各类设备、材料等越先进、越新，越能够保障企业员工的安全。新的工艺和方法的使用，是因为旧的工艺和方法满足不了企业当前对安全的需求。Fu-chuan Jiang 等（2020）指出企业通过购置安全设备，定期检修、更换安全设备等安全投资可以提高企业安全与安全管理水平。安茹等（2017）指出对符合升级改造标准的安检设备进行更新改造，可以确保北京市轨道交通安检工作质量，保障轨道交通运营安全。所以，企业要结合自身的实际情况，保障安全防护设备设施及时更新、改造，确保安全防护效果。

5. 物质设备防护效果

粉尘、高温、有毒有害气体、噪声等都是能够造成员工安全危害的因素，针对这些危害因素，企业配备了防尘设备、防高温设备、防毒设备、防噪声设备等。Genren Wang 等（2020）指出配备可靠性高的设备能够有效避免安全风险事故的发生。许满贵等（2017）指出只有做好粉尘防治、提高防尘设备实施的防护效果、提高个体防护设备的有效性，才能够最大限度地控制粉尘浓度，降低对员工的安全危害。因此，安全防护设备的职业危害防护效率越高，安全危害因素最终对员工造成的危害就越低，就越能够保障员工的安全。

此外，各企业都会定期采购个体防护用品，并定期为员工发放个体防护用品，以保证员工的个人健康。企业员工在作业之前几乎都能够积极主动、正确佩戴个体防护用品。个体防护用品的防护效果在很大程度上影响着企业员工的安全情况，如果防护效果好，那么通过使用个人防护用品能够很好地对粉尘、有毒有害气体、噪声等安全危害因素进行防护；否则，这些因素将会对企业员工造成伤害。Innawu Dalju 等（2019）、Ritu Gupta 等（2019）、Sehsah Radwa 等（2020）指出通过使用个体防护用品能够有效降低安全危害，能够大大降低安全危害事故发生率。顾大钊等（2021）指出为了满足企业井下安全管理环境要求，需要提高安全防护设备设施的防护效果以及个体防护用品的防护效果。

6. 作业环境粉尘浓度合格情况

对于煤炭企业来讲，在生产过程中，掘进、综采、运输等环节会产生大量的粉尘，如果不及时采取除尘、降尘处理，粉尘浓度达到一定程度后将会超过安全规定限制。企业员工因个人防护不当而吸入粉尘后，将造成巨大的安全危害，严重的可能会导致职业病（尘肺病）。Omidianidost Ali 等（2019）指出水泥粉尘暴露可能导致水泥行业工人肺功能参数下降及相关并发症产生。何振筹等（2018）指出粉尘浓度超标会对工人造成安全危害。因此，企业要对作业环境的粉尘浓度进行实时监测，了解作业环境的总尘浓度以及呼吸性粉尘浓度情况，监测粉尘浓度的合格情况、超标情况，采取有效的粉尘防治措施做好粉尘防治工作，降低作业环境中的粉尘浓度；同时，员工也要做好个人防护工作，避免粉尘对自身造成安全危害。

7. 有毒有害气体浓度合格情况

对于煤炭企业来讲，员工在生产过程中多数是在井下，而井下是较为密闭的

空间，空气中含有有毒有害气体，常见的有毒有害气体有二氧化硫、一氧化碳、硫化氢等。这些有毒有害气体的浓度超过设定安全限制时，就会对人体的心理和生理健康产生影响，影响员工的意识并使其在工作过程中出现操作失误等。员工长期在有毒有害气体浓度超限的环境中工作，将会造成严重的安全危害。郑昀（2017）、艾林芳等（2019）指出在工作场所、工作岗位中存在的烃类化合物、正己烷等有毒有害气体浓度超标，会对工人的健康造成损害，企业应加强安全危害治理及个体防护。在分析企业安全管理绩效的影响因素时，有毒有害气体浓度超标会对员工的身心健康状况产生影响，进而影响企业安全管理环境水平。

8. 作业环境温度合格情况

温度会影响人的生理功能和劳动能力。作业环境的温度对员工的心理情绪和身体健康具有直接影响，同时对员工工作舒适度及工作效率也会产生影响。在生产过程中，过高或者过低的温度都会使员工的疲劳感增强，会影响到员工的心理情绪，不仅会降低员工的工作效率，损害员工的身体健康，还可能会导致员工出现不安全行为，进而引发企业安全危害事故。Nan-nan JIANG 等（2013）指出潜艇人员的身体、心理健康，以及工作压力与工作环境的温度有关。Zheng Guozhong 等（2020）指出高温环境下，环卫工人更容易患高温相关疾病，甚至死亡。因此，在实际的生产过程中，企业要通过源头治理、个体防护等工作确保作业环境温度在规定的标准值范围内，保证员工处在一个温度适宜的作业环境中开展作业。

9. 井下通风合格情况

在井下生产作业过程中，企业需要通过合理的通风控制粉尘浓度和有毒有害气体浓度，使之在标准范围内。但是，在通风时，风速要符合《企业安全规程》的要求，例如，工作面要求正常的风速应该为 0.25m/s ~ 4m/s，而岩巷则要求风速为 0.15m/s ~ 4m/s，风速不宜过高，也不能过低，过高或者过低都有可能造成粉尘或者有毒有害气体处理不当，造成企业员工的安全危害，甚至引起企业安全危害事故的发生。牛德振（2018）指出通过合理的通风可以降低井下有毒有害气体的浓度。龚晓燕等（2018）指出通过风筒出风口的风流智能调控装置可以对井下的风速及粉尘的风流场进行调控，能够有效降低粉尘浓度。因此，企业可以通过合理的通风对粉尘浓度和有毒有害气体浓度进行调控，保障企业员工的安全环境水平。

10. 作业环境照明情况

作业环境的照明情况对员工的健康情况、工作舒适度、劳动效率及视力保护都有影响。景国勋等（2018）指出井下的照明水平对作业人员的视力和人身安全都有影响，照度过高或过低，都可能引起企业事故发生。Pornpimol Kongtip 等（2007）、薛屹峰等（2018）指出照明情况对员工的身体健康，企业的安全、安全管理环境水平都具有影响。良好的照明环境能够使员工精神振奋，具有积极乐观的心理情绪，在工作过程中，员工会遵守操作规程并减少操作失误，从而提高工作效率，有利于保证安全。反之，在较差的照明条件下工作，员工对周围作业环境、风险的辨识，操作可能会出现偏差，形成判断失误或者操作失误，进而造成事故。

11. 噪声强度合格情况

对煤炭企业来讲，在生产作业过程中，风机、采煤机等物质设备大多都会产生较高的噪声，这些噪声会对员工的身体健康造成危害。Zinkin 等（2008）指出噪声对飞机修理厂工人的身体健康造成的危害程度非常大，员工必须采用个体防护手段。何振筹等（2018）指出噪声超标对工人的安全造成了伤害，要加强对噪声的管控。罗丽等（2019）指出德阳市噪声作业人员工作场所噪声强度超标情况严重，噪声作业人员健康损害严重，用人单位应加强噪声控制，保证噪声强度合格。对于煤炭企业来讲，员工在井下作业时，长时间处在高噪声的环境中，势必会对感官造成一定的伤害。因此，煤炭企业要尽量采购产噪低的物质设备，采取降噪措施，确保噪声强度合格来确保企业员工的安全环境。

12. 振动强度合格情况

物质设备在工作时会产生不同强度的振动，振动传给人体就引起了人体的振动，当振动过量、超标时，会对人的身心健康产生不同程度的危害。长时间的人体振动会造成疲劳感，可引起颈、肩、背、下肢的肌肉紧张与疲劳，甚至产生振动疾病，降低活动能力。温翠菊等（2015）对企业新建项目职业病危害控制效果进行评价，结果显示噪声、振动的强度未达到国家要求，对作业人员造成了一定程度的伤害，企业应针对噪声、振动采取有效措施，以减少其对作业人员健康的

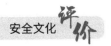

影响。蒋兴法等（2021）通过对 2018—2019 年贵州黔西南州的 18 家企业危害因素检测结果进行分析，指出手传振动是该地区企业主要职业病危害因素之一，对作业人员的身心健康具有严重的危害。

13. 作业空间合理情况

根据工效学原理，作业空间布局的合理性和大小会对员工作业过程中的心理与生理健康产生影响。狭小的作业空间会让人心理压抑，产生不安全行为，可能会造成安全危害；而布局合理、大小适宜的空间有利于员工避免不必要的失误。对煤炭企业来讲，井下生产作业空间狭小、黑暗，地质构造不规则，作业空间布局不合理，都可能导致企业员工在作业过程出现行动不便、体力耗损严重、易疲劳等情况，进而会影响员工的心理和生理情况，使员工容易情绪波动、产生不良心理反应、出现操作失误等，造成安全危害的发生。王新平等（2020）指出作业场所空间狭小、作业条件恶劣等容易造成企业员工体脑疲劳，发生不安全行为，进而造成事故。王磊等（2014）指出企业井下作业空间狭小、作业环境复杂等容易导致员工出现失误，造成事故发生。所以，企业要改善作业场所环境，对作业空间进行合理布局，根据规章制度要求，提高作业空间合格率，防止危险事故发生。

3.2.4　安全行为文化影响因素

1. 员工受教育水平

员工整体受教育水平能够反映企业员工的整体专业素质。García-Mayor Jesús 等（2021）、Xinxia Liu 等（2015）、申洋等（2018）、何静等（2019）、张丽江等（2019）、王建国等（2021）、程菲等（2017）、严丽萍等（2018）认为员工受教育水平或者文化程度直接或者间接地影响着安全管理水平。一般来讲，员工受教育水平越高，对安全的认识越深刻，防护意识越强，更愿意主动遵守安全管理相关规定、遵守安全规程。提高员工的受教育水平，可以大大减少员工安全危害事故的发生。

2. 员工安全教育培训情况

安全教育培训是对员工进行的一系列有关职业危害等知识的普及和提高自我防范意识的学习培训，可以促进员工安全知识的增加，从而使员工增强安全技能、风险感知能力、风险应对能力、安全防范意识，提升对安全的重视，避免安全危害的发生。《中华人民共和国安全生产法》规定从业人员应当接受安全生产教育和培训。《企业安全文化建设导则》规定了劳动者都要接受职业卫生培训。Paul P S 等（2006）、Innawu Dalju 等（2019）、Ching-Wu Cheng 等（2013）、Emrah Kazan 等（2018）、Sehsah Radwa 等（2020）、朱冬亮（2019）认为员工接受安全教育培训情况对员工的安全情况、事故预防能力、企业安全管理水平等均有一定的影响。企业应形成定期的安全培训制度，将员工拥有的技术知识转化为实践，避免各种职业危害，最大限度消除安全危害隐患，尽可能地避免安全危害事故的发生。员工的安全教育培训情况包含员工参与培训次数、每个月平均参加培训的时间以及培训后的考核结果等。

3. 员工"三违"情况

"三违"是指员工在生产作业过程中违规指挥、违章操作以及违反劳动纪律的行为，如员工不按规定佩戴防护口罩、防噪声耳塞等行为。安全危害的发生与员工的不安全行为有很大关系。Klimova 等（2019）、李光荣等（2018）、Aryee 等（2016）认为减少不安全行为可以减少事故的发生，提高安全绩效。对于企业来讲，员工的"三违率"越高，企业发生安全危害的可能性就越大，相应的就会影响安全环境管理水平。因此，企业要加大对"三违"的管理。

4. 员工心理健康情况

《中华人民共和国精神卫生法》指出企业要为劳动者创造对其身心健康有益的工作环境，要改善劳动者的身心健康状况。《"健康中国 2030"规划纲要》提出要提升全民心理健康素养。人的行为与心理状态紧密相关，当员工的心理状态表现为异常、脾气暴躁、喜怒无常、消极被动时，极有可能导致安全危害的发生。Paul 等（2006）认为消极情感会增加工伤事故的发生。韩凤等（2018）指出职业紧张、抑郁程度越高，罹患职业性肌肉骨骼疾患的风险就越高。李红霞等（2018）认为情感情绪是影响矿工心理韧性的表层因素。徐伟伟等（2020）认为情绪影响着矿工的职业心理健康。张晓燕等（2019）指出职业抑郁与焦虑是影响心理健康的因素。田水承等（2018）指出不良情绪下，胶轮车驾驶员容易产生不安全行为并引发事故。田水承等（2018）认为矿工的心理素质、性格因素等会对矿工的压力产生影响，进而间接地对不安全行为产生影响。Askaripoor 等（2015）

通过调查问卷研究了个人因素对矿工不安全行为的影响，结果表明矿工的心理因素对作业过程中的不安全行为有显著影响。对于企业来说，生产系统由人来完成，人的心理机能承载人的基本行为。因此，企业要通过合理、有效的对环境安全管理，促进员工心理健康，提高员工的安全风险意识与风险感知能力，促使其产生安全行为，避免安全危害的发生。

5. 员工压力情况

心理压力也容易导致员工的职业不健康行为，进而产生安全风险。Kowalczuk等（2020）指出压力对护士的健康产生负向影响。Ryu Hosihn等（2018）指出职业压力对员工糖尿病状态有显著影响。Nan-nan JIANG等（2013）、李红霞等（2018）、徐伟伟等（2020）指出工作压力对员工生理健康、心理健康及心理韧性都会产生影响。王越等（2021）指出身体疲劳容易产生不安全行为，进而造成事故发生。使员工保持适度的压力，对于降低安全危害的发生具有重要的作用。

6. 员工身体健康情况

员工身体健康情况对于企业的正常生产经营活动有着很大的影响。程菲等（2017）指出身体健康情况影响着心理健康，进而对安全管理造成影响。当前很多煤炭企业有时并未认真履行对员工的安全体检，无法及时发现员工可能存在的身体健康问题，这势必会给员工造成伤害。员工无法以最佳的身体状态参加到工作当中，势必会给安全管理工作带来隐患。

7. 个体防护用品使用情况

个体防护用品是为员工配备、消除或减轻安全危害因素对员工健康影响的特殊用品，它对于保护员工的健康具有重要意义。《企业安全文化建设导则》与《中华人民共和国尘肺病防治条例》规定用人单位要督促、确保员工正确使用职业病防护用品。章敏华等（2014）指出粉尘作业者正确规范地使用合格的呼吸防护用品可以有效地防治粉尘危害，保护自身健康。赵永华（2011）指出发生危险化学品事故后，应急人员穿戴合适的个体防护装备，能够有效防止事故继续造成人员伤亡。因此，员工在生产作业过程中，要根据要求正确使用有效的个体防护用品。

8. 管理人员综合业务水平

员工安全问题的产生、企业安全危害事故的发生，除了与员工对安全管理工作的忽视、自身专业技能有限、安全风险意识不足等问题有关，还与企业管理人员的综合业务水平有关。一方面，企业管理人员综合业务水平、综合管理能力有限，对安全管理工作不熟悉；另一方面，企业管理人员缺乏安全管理意识，不重视安全管理，缺乏企业持续和健康运行的意识。管理人员的这些不足，有可能导致安全危害事故的发生。王涛（2019）指出不断提升管理人员综合业务能力和素质水平，有助于降低事故发生的概率。李红霞等（2019）指出拥有高素质管理人员可以有效减少事故的发生，降低损失。所以，企业要不断提高管理人员的综合素质、管理水平及安全管理意识，只有管理人员具有较高的综合业务环境水平，才能够最大限度降低安全危害事故发生的概率，保证员工的安全。

9. 技术人员综合技能水平

对于某些企业来讲，技术人员的综合技能水平在很大程度上影响着安全环境管理水平。吴红波等（2007）、王国栋等（2018）指出事故频发的一个原因就是技术人员匮乏且其综合技能水平不足。技术人员拥有较高的综合技能水平，一方面能够熟悉设备设施的操作，另一方面能够做好防护设备设施的运维工作，确保防护设备设施的正常运行，使其正常发挥安全危害防护作用，避免员工受到安全危害。因此，企业要对技术人员进行严格把关，定期进行考核培训，提高技术人员的综合技能水平。

10. 技术人员所占比例情况

为了更好地对安全危险源进行管控，做到源头治理，企业的生产技术、防护设备设施需要不断创新、改进，企业的生产工艺需要进行改革，以提高安全危害的防治效果。这些工作离不开高素质技术人才队伍，离不开这些人在技术上的创新。技术人员通过创新工艺、改进设备设施、改善工作环境，可以降低安全危害率。所以，企业要提高技术人员的占比，不断壮大创新型、复合型的技术团队。

11. 安全监督检查人员所占比例情况

在企业实际生产过程与作业环境中，存在着各类潜在风险，这些风险都有可能导致安全危害的发生。为了使安全危害事故的发生减少，企业要成立专门的安

全监督检查队伍，或者在现有的安全检查机构中提高安全监督检查人员的比例，在日常检查工作中由安全监督检查人员负责对安全隐患进行检查，及时发现存在的安全风险，减少安全危害事故的发生。

12. 员工的工资水平

对于员工来讲，参加工作的重要目标就是获取劳动报酬。员工的工资水平对其工作的积极性、责任心等有着直接的影响。如果员工认为自己获取的劳动报酬与工作职责、付出的劳动是对等的，即认为工资合理，那么员工就会遵守企业的各项规章制度，达到责利均衡；如果这种平衡被打破，那么员工就会产生情绪，间接地对员工的安全产生影响。赵容等（2020）认为月收入是影响员工职业紧张的主要因素之一。Pornpimol Kongtip 等（2007）指出劳动力的收入对安全和安全环境管理的好坏有影响。企业要确保具有公平合理的劳动报酬体系，明确岗位职责与岗位工资，确保工资水平具有一定的竞争力，提高员工的积极性和责任心，保证员工以最优的状态参与到生产当中，在保证企业经济效益的同时，保证员工的安全。

13. 员工安全感受

员工在某一时间段内对安全管理效果的心理感受，是员工对安全危害预防情况、治理情况、职业病危害因素治理与管控情况等方面，从自身心理感受出发，在宏观层面上，进行的安全管理效果评估。朱朴义等（2014）指出科技人才工作不安全感对其创新行为具有消极影响。易涛等（2021）指出工作不安全感显著负向作用于安全绩效与组织承诺，需要通过降低工作不安全感，提升安全环境管理水平。因此，企业要做好安全防护、治理等工作，使员工安全感受良好，促进安全管理水平提升。

14. 职业病发病情况

企业应该重视安全管理，重点对尘肺病、矽肺病等职业病进行防治，全面改善和保障作业人员的安全。企业可以从每年新增职业病人数这个角度进行考虑，统计每年新增职业病发病率，通过对职业病发病情况的分析，了解企业安全环境管理效果。

15. 持证上岗情况

《中华人民共和国安全生产法》与《中华人民共和国劳动法》明确规定了从事特种作业的劳动者必须通过专门的培训并取得特种作业资格方可上岗作业。应急管理部于 2020 年下发的《应急管理部办公厅关于扎实推进高危行业领域安全技能提升行动的通知》要求严格落实先培训后上岗和持证上岗制度。金雪明等（2019）指出学校可以通过落实安全教育培训制度与持证上岗制度提高高校实验室辐射与防护安全环境管理水平。因此，特殊工种相关的安全管理人员在上岗之前必须要具备相应的技术资质，获取相关的岗位资格证书。

第 4 章

安全文化评价指标体系的构建

4.1 安全文化评价指标体系构建原则

笔者在研究过程中，结合目标管理原则（SMRAT 原则）展开安全文化建设水平评价指标体系建设，从具体情况出发，在指标体系建设中对各种原则进行应用，具体分析指标体系的内涵和应用路径。

1. 特定性（Specific）

在安全文化建设水平评价活动中，构建指标体系时，要关注如下方面的内容。

（1）目标特定。目标设置应该科学合理，要从安全文化相关角度推进安全文化建设水平评价工作，以达成最终目标。

（2）导向特定。在安全文化建设过程中，要选择具有导向性的指标，要确定建设的重点，要明确不同阶段的建设水平。

2. 可测量性（Measurable）

可测量性并不意味着指标必须是可量化分析的指标。在定性指标选择方面，需要立足相同标准来进行对象评估，即构建具体的评价标准及评价尺度。在评价指标体系建设中，不仅要引入安全事故发生率等量化指标的信息，也要关注涉及安全文化制度、参与者行为等定性指标的内容。针对定性指标，可以设置标准化的评价依据，确保指标能够得到统一测度。

3. 可得性（Attainable）

评价指标数据可得性是构建指标体系最关键的内容，如果某一项指标最终的数据无法获得或者很难获得，那么该指标的使用效果就不够理想。

4. 相关性（Relevance）

评价指标体系是综合有机体，其中涉及存在深入关联的多种指标。所有的评价指标最终的目的都是推动评价活动，都与最终目标相关。评价对象不同层面的指标间应该相互关联，但不应该是重叠的。

5. 可跟踪性（Trackable）

监督在评价过程中是非常重要的，监督的内容包括全过程。评价指标体系设计的过程中，不仅需要事后评价，也需要事前评价，是综合性评价活动。在事前评价中，可以识别出建设的重要节点，之后以事后评价的方式来确定最终的建设情况。在安全文化建设水平指标体系设计过程中，可以选择具体的跟踪指标，从而达到建设前后数据对比的效果。

4.2 安全文化评价指标体系构建流程

4.2.1 评价指标的设定条件

安全文化评价指标体系构建的过程中，还需要为评价指标选取设定如下条件。

（1）化繁就简。企业生产环境是非常复杂的，企业的危险源是无穷尽的，使得企业安全文化管理绩效的影响因素非常多。在设定指标的时候要做到就简不繁，重点考虑对企业安全文化管理影响较大的因素，而忽略对其影响较小的因素。但是，简化指标的工作并不是说完全不考虑这些影响较小的因素，而是在全面分析影响企业安全文化管理绩效的因素的时候，将所有的影响因素分析、汇总。在选择具体指标时，则重点考虑对企业安全文化管理绩效影响较大同时有较高识别度的指标，将这一类指标纳入评价指标体系，而将对企业安全文化管理绩效影响较小的指标，根据指标的性质进行划分，降低这类指标对整体绩效的影响，保证最终得到的指标真实有效。

（2）从整体考虑。企业安全文化管理绩效评价的主要目标是评价企业的整

体安全文化管理水平。因此，在分析、研究企业安全文化管理构成及其特性时，主要考虑对企业安全文化管理绩效具有重大影响的因素，如人员方面（如员工安全文化风险防范能力、安全文化方面的综合素质、身心健康情况等）；机械设备方面（设备配备情况，自动化、无人化水平，粉尘、有毒有害气体等安全危害因素防护水平，安全危害因素监测设备合格率、设备完好率等）；管理方面（组织机构建设情况，岗位职责分配情况，制度完善情况，安全危害因素监测、检测以及评价情况，安全文化管理资金投入情况，职业病病人管理情况，应急救援管理情况等）；环境方面（作业环境温度、粉尘浓度、噪声强度、有毒有害气体浓度等）。

（3）突出企业安全文化管理的共性。选取的指标应是企业安全文化管理系统共有的，只有这样，对企业进行安全文化管理绩效评价时，其评价结果才能够反映企业安全文化管理水平，才能够对不同企业的管理情况进行比较分析。但是，单独针对企业进行安全文化管理绩效评价而不进行对比分析时，可以将特有的个性影响因素，结合企业的实际情况加以考虑。

（4）突出企业安全文化管理的系统性。企业包含许多不同的系统和不同的生产作业、管理工作。在进行企业安全文化管理绩效评价时，如果将这些全部考虑的话，这个工作将是非常庞大且复杂的。本书将企业安全文化管理作为一个整体来研究，安全文化管理在企业管理中不是孤立存在的，它与企业管理的其他子系统相互作用、相互影响，如瓦斯系统、通风系统等都作用于安全文化管理。在影响因素分析的时候，把这些存在关联的系统作为影响因素进行综合分析，最终作为指标体系中的一员来反映企业安全文化管理的特性。

4.2.2　指标体系的构建流程

在开展安全文化管理绩效评价过程中，如何科学、合理地构建指标体系是评价工作的重点，这关系到绩效评价结果的客观性、合理性以及科学性。为了能够全面、准确地选出影响企业安全文化管理绩效的评价指标，本研究明确了指标体系的构建流程。

1. 影响因素分析

在分析过程中,从对企业安全文化管理绩效产生影响的人员、机械设备、管理、环境等多个方面进行分析,逐一列出企业安全文化管理绩效的影响因素。这些影响因素是企业安全文化管理的研究对象,也是评价指标体系的来源和基础。评价指标体系就是在影响因素分析结果的基础上,通过提炼、合并、筛选等操作后得到的。

2. 明确指标体系构建原则

明确安全文化管理绩效评价指标体系构建的基本原则,规范评价指标的设定条件,在构建过程中,要严格遵循指标体系的构建原则。

3. 指标初选

结合参考文献、法律法规、政策以及影响因素分析结果,初步选取影响企业安全文化管理绩效的评价指标,构建评价指标初选库。

4. 指标体系筛选

在评价指标初选结果的基础上,通过专家咨询、三角模糊函数和 DEMATEL方法对企业安全文化管理绩效评价指标体系进行筛选。

5. 有效性检验

从信度检验和效度检验这两个方面对指标的有效性进行检验。

6. 指标体系确定

确定最终的企业安全文化管理绩效评价指标体系。

4.3　安全文化评价指标体系的初步构建

4.3.1　安全文化相关法律法规和政策文件

本小节对与安全文化相关的法律法规、政策文件进行梳理和分析,以期归纳出安全文化评价的相关指标。法律法规和政策文件对安全文化评价指标的要求如表 4.1 所示。

表 4.1 法律法规和政策文件对安全文化评价指标的要求

序 号	法律法规、政策名称	涉及安全文化相关指标
1	中华人民共和国矿山安全法	有毒有害物质达标、安全管理规章制度、安全技术措施专项费用管理、安全警示标志设置、有毒有害物质检测、防护装置等设备设施管理、持证上岗、矿长安全事故处理能力、矿山安全监督管理
2	中华人民共和国安全生产法	持证上岗、教育培训情况、组织机构管理、事故隐患排查治理、安全生产费用管理、危害因素告知、劳动防护用品管理、应急救援管理、安全教育培训管理
3	中华人民共和国安全文化法	生产布局合理、设置卫生设施（更衣间、洗浴间、孕妇休息间等）、职业病危害因素的强度或者浓度检测、职业健康防护设备管理、个人防护用品管理、职业病危害项目申报管理、职业卫生管理制度、职业病危害因素监测、职业病危害因素检测及评价、应急救援预案、安全文化资金投入管理、职业病危害告知、职业卫生培训管理、职业健康监护管理、职业病诊断与鉴定、职业病治疗、检查及康复、职业病病人安置
4	中华人民共和国煤炭法	工伤保险
5	使用有毒物品作业场所劳动保护条例	设备设施使用状态、设置警示标识、职业中毒危害项目申报管理、危害告知、职业卫生培训、防护设备设施管理、个体防护用品管理、职业危害因素检测与评价、职业卫生辅助用室、监督检查、职业健康监护管理、享受工伤保险待遇、职业健康教育培训情况、职业病诊疗和康复、监督管理
6	安全生产许可证条例	工伤保险
7	危险化学品安全管理条例	接受教育培训、监督检查、设置安全警示标志、安全设施设备管理、工作场所监测、事故应急救援管理
8	安全生产事故隐患排查治理暂行规定	隐患排查治理
9	工业企业设计卫生标准（GBZ 1）	工作场所粉尘、有毒有害气体、温度、通风、隔声、采光和照明情况符合要求，生产布局合理，设置辅助用室，应急救援管理

续表

序　号	法律法规、政策名称	涉及安全文化相关指标
10	煤矿职业安全卫生个体防护用品配备标准（AQ 1051）	煤矿职业安全卫生个体防护用品管理
11	用人单位职业健康监护监督管理办法	职业健康监护（职业健康检查、结果告知、职业健康监护档案管理）、监督管理

4.3.2　初步构建安全文化评价指标体系

安全文化是一个复杂的系统工程。根据安全危害致因机理可知，安全文化的影响因素包括员工安全素质、安全制度机制、安全管理能力、企业安全导向和安全培训沟通等五个方面。

（1）员工安全素质。员工的综合素质高低、身心健康情况、风险防范意识情况、风险行为等都与安全管理水平有关。根据安全危害致因机理可以了解到，人员致因因素（人员的缺陷）导致了人的不安全行为，即员工在作业过程中出现了个体防护用品使用不当、防护意识不足等问题，这极大地增加了员工安全事故发生的风险。

（2）安全制度机制。制度对生产具有约束作用，为强化安全管理，企业应当建立健全安全管理相关制度，强化安全管理相关工作，最大限度降低安全风险。所以，企业应根据《企业安全规程》等法律法规细化本企业的安全管理制度。在编制管理规章制度时，制度内容应结合管理实际，要合理、完备且可操作。企业需要根据内外部条件的变化，有计划地对管理制度体系进行修订、完善，及时更新制度内容。

（3）安全管理能力。管理的缺陷（规章制度管理缺陷、员工个体防护用品管理缺陷以及安全防护设备设施管理缺陷等）会导致人员的缺陷、机械设备的缺陷以及环境的缺陷，最终导致危害的发生，这是事故发生的根本原因。因此，企业要从管理因素方面进行分析，找出具体的影响因素，克服管理的缺陷。安全管理工作所涉及的因素众多，不同的管理因素对安全目标的实现又具有不同的作用。

（4）企业安全导向。企业安全文化对企业每个员工的思想和行为具有约束和规范作用，这种作用与传统的管理理论所强调的制度约束不同，它虽也有成文的硬约束，但更强调不成文的软约束。安全文化在员工心理深层形成一种定势，构造出一种响应机制，只要有诱导信号发生，员工即可积极响应，并迅速做出预期行为。这种约束机制能够有效地缓解员工自治心理与被治现实形成的冲突，削弱由其引起的心理抵抗力，从而产生更强大、深刻、持久的约束效果。

（5）安全培训沟通。安全教育培训是指企业对管理人员、技术人员等进行的管理规章制度、法律法规、危害防治技能措施等知识的普及、宣传、教育和培训，从而提高员工的安全防治知识知晓率，提高员工的风险防范技能，增强员工的防范意识，提高员工的风险感知能力，进而避免事故的发生，提高员工的安全防范水平。所以，企业应该努力做好安全教育培训管理工作，促进安全管理水平提升。构建的企业安全文化评价指标体系如表 4.2 所示。

表 4.2　企业安全文化评价指标体系

一级指标	二级指标	三级指标
企业安全文化评价指标体系	员工安全素质	员工履责
		意识稳定
		行为合规
	安全制度机制	安全互保
		奖励创新
		制度执行
		务实可行
	安全管理能力	率先垂范
		战略执行
		责任明确
		责任考核
		管理科学

一级指标	二级指标	三级指标
企业安全文化评价指标体系	企业安全导向	采购安全
		隐患治理
		设备维护
		理念完善
	安全培训沟通	安全培训
		信息交流
		培训投入

4.4　安全文化评价指标体系筛选

4.4.1　三角模糊函数

在实际生活中存在人们无法用肯定的、精确的回答来描述的概念。同时，人们也会受到外界的不确定性因素的影响和约束，导致人们的决定也存在着不确定性。在解决较为复杂的决策性问题时，存在的不确定性因素是非常多的，各影响因素之间的相互影响很难进行精确的定量分析，而通过专家语言评价的方法，专家只能根据自己的专业知识以及经验给出诸如"一般""较强""较低"等模糊性的语言描述。在此基础上，扎德创立了模糊集合论，该模式与二元逻辑 0 或 1 相对应，模糊集合论中的部分真理可以通过 0 到 1 的数值表示。这样就将人的主观判断与模糊的概念联系起来。Karsak 和 Tolga（2001）指出三角模糊函数具有灵活性的特征，体现在能够将模糊语义评价进行转换，这种转换能够将模糊语义变为精确数值，为计算带来很大的方便，能够解决复杂系统的不确性问题。为了让专家主观评价的模糊性降低，本节主要通过三角模糊函数对专家的语言评价进行处理，将专家的模糊评价语义转化为具体数值，确保后续计算的准确性。下面对

模糊集合、模糊数及三角模糊函数进行定义。

定义 1：模糊集合

所谓集合，是指具有某种特定属性的对象集体。假设 X 是一个论域，$x \in X$，一个模糊集合 $\tilde{A}$ 是 X 的一个子集。$\mu_{\tilde{A}}(x)$ 代表真实程度，其中 x 是模糊集合 $\tilde{A}$ 中的一个元素。$\tilde{A}$ 的隶属函数表示为 $\mu_{\tilde{A}}$，元素 x 对 $\tilde{A}$ 的隶属度为 $\mu_{\tilde{A}}(x)$。

在论域 X 中，元素 x 隶属于 $\tilde{A}$ 的程度通过 $\mu_{\tilde{A}}(x)$ 的值来表示。x 对于 $\tilde{A}$ 的隶属度越低，则 $\mu_{\tilde{A}}(x)$ 的值就越接近 0；x 对于 $\tilde{A}$ 的隶属度越高，则 $\mu_{\tilde{A}}(x)$ 的值就越接近 1；当 x 完全不属于或完全属于模糊集合 $\tilde{A}$ 时，则 $\mu_{\tilde{A}}(x)$ 值就等于 0 或 1。

定义 2：模糊数

论域 X 中的模糊集合 $\tilde{A}$ 是一个普通的凸的模糊集合。这里"凸的"集合是指：$\forall_{x_1} \in X, \forall_{x_2} \in X, \forall \lambda \in [0,1]$

$$\mu_{\tilde{A}}[\lambda x_1 + (1-\lambda)x_2] \geqslant \min[\mu_{\tilde{A}}(x_1), \mu_{\tilde{A}}(x_2)] \tag{4-1}$$

定义 3：三角模糊函数

三角模糊函数 $\tilde{A}$ 可被定义为一个三重态 (l, m, r)，同时函数的功能被定义为：

$$\mu_{\tilde{A}}(x) = \begin{cases} \dfrac{x-l}{m-l}, 1 \leqslant x \leqslant m, \\ \dfrac{r-x}{r-m}, m \leqslant x \leqslant r, \\ 0, \text{otherwise} \end{cases} \tag{4-2}$$

此外，假设已知两个正的模糊数 $\tilde{A}_1(l_1, m_1, r_1)$ 和 $\tilde{A}_2(l_2, m_2, r_2)$，则可以对三角模糊函数的加减乘除运算进行如下表述：

加法：

$$\tilde{A}_1(+)\tilde{A}_2 = (l_1 + l_2, m_1 + m_2, r_1 + r_2) \tag{4-3}$$

减法：

$$\tilde{A}_1(-)\tilde{A}_2 = (l_1 - l_2, m_1 - m_2, r_1 - r_2) \tag{4-4}$$

乘法：

$$\tilde{A}_1(\times)\tilde{A}_2 = (l_1 \times l_2, m_1 \times m_2, r_1 \times r_2) \tag{4-5}$$

除法：

$$\tilde{A}_1(\div)\tilde{A}_2 = (l_1 \div l_2, m_1 \div m_2, r_1 \div r_2) \tag{4-6}$$

由于人判断事物的结果存在模糊的情况，需要对模糊结果去模糊化，将获取的模糊数据转化为非模糊数值。传统的去模糊化方法有重心法、面积均值法等，这些方法有一个共同的缺陷就是准确度不高。Opricovic 和 Tzeng（2004）等学者提出，在确定去模糊化方法时，研究人员要考虑集合的形态、跨度以及相对位置等来判断集合的特征。因此，本节通过使用 Opricovic 和 Tzeng（2004）提出的去模糊化 CFCS（Converting the Fuzzy data into Crisp Scores）方法，把模糊的数据最终转化成非模糊的数值。与以往的方法相比，使用 CFCS 方法能够得到更好的非模糊数值。下面对 CFCS 方法的去模糊化过程进行详细介绍。

假设 $\tilde{z}_{ij}^k = (l_{ij}^k, m_{ij}^k, r_{ij}^k)$ 代表模糊评价值，其中 $k(k=1,2,...,p)$ 表示第 k 个专家认为指标 i 对指标 j 的影响程度对应的三角模糊数值。CFCS 方法主要包含五步运算过程，具体过程如下。

（1）标准化处理

$$xl_{ij}^k = (l_{ij}^k - \min l_{ij}^k)/\Delta_{\min}^{\max} \tag{4-7}$$

$$xm_{ij}^k = (m_{ij}^k - \min l_{ij}^k)/\Delta_{\min}^{\max} \tag{4-8}$$

$$xr_{ij}^k = (r_{ij}^k - \min l_{ij}^k)/\Delta_{\min}^{\max} \tag{4-9}$$

通过标准化处理能够使各个专家在评判过程中存在的主观差异性大大降低。其中，$\Delta_{\min}^{\max} = \max r_{ij}^k - \min l_{ij}^k$。

（2）计算出左右标准值 $(ls)(rs)$

$$xls_{ij}^k = xm_{ij}^k/(l + xm_{ij}^k - xl_{ij}^k) \tag{4-10}$$

$$xrs_{ij}^k = xr_{ij}^k/(l + xr_{ij}^k - xm_{ij}^k) \tag{4-11}$$

（3）计算出总的标准化非模糊值

$$x_{ij}^k = \left[xls_{ij}^k(1 - xls_{ij}^k) + xrs_{ij}^k \right]/\left[1 - xls_{ij}^k + xrs_{ij}^k \right] \tag{4-12}$$

（4）获得第 k 个专家反映的指标 i 对指标 j 量化的影响值

$$z_{ij}^{k} = \min l_{ij}^{k} + x_{ij}^{k} \Delta_{\min}^{\max} \quad (4-13)$$

（5）对非模糊值求积分

$$z_{ij} = \frac{1}{p}(z_{ij}^{1} + z_{ij}^{2} + \cdots + z_{ij}^{p}) \quad (4-14)$$

利用上面的公式求出专家群体反映的指标 i 对指标 j 量化的影响值。至此，模糊数据的去模糊化过程完成。

4.4.2 模糊 DEMATEL 方法

决策试验和评估实验法（Deaision Making Trial and Evaluation Laboratory, DEMATEL）是 1971 年 BOTTLE 研究所提出的，该方法能够解决现实中遇到的复杂困难问题。该方法主要通过图论和矩阵工具完成对要素的筛选，首先对要素之间的影响程度、被影响程度进行分析，然后得到要素的中心度和原因度，最终确定要素的重要程度和因素属性。模糊 DEMATEL 方法是模糊数学和 DEMATEL 方法耦合形成的，用于定量化分析因子间相互作用的程度，它可以将模糊的、难以通过精确数值表述的行为转化为因子间相互作用的程度。该方法首先进行专家语义评估变量与三角模糊数的转化，构建模糊直接影响矩阵，然后通过去模糊化的过程构建直接影响矩阵，最后通过 DEMATEL 方法得到综合影响矩阵，并计算各因子的中心度和原因度，完成关键因子分析。具体步骤如下。

1. 构建直接影响矩阵 A

在专家对各指标影响程度评价的基础上，通过三角模糊函数去模糊化过程，将专家评估语义转化为三角函数区间，并通过去模糊化的过程将其转化为精确值，最终确定直接影响矩阵 A，它是一个 $m \times m$ 的矩阵。

$$A = \begin{bmatrix} a_{11} & \cdots & a_{1j} & \cdots & a_{1m} \\ \vdots & & \vdots & & \vdots \\ a_{i1} & \cdots & a_{ij} & \cdots & a_{im} \\ \vdots & & \vdots & & \vdots \\ a_{m1} & \cdots & a_{mj} & \cdots & a_{mm} \end{bmatrix} \quad (4-15)$$

2. 直接影响矩阵 A 标准化处理

用 A 乘以 S 得到初始影响矩阵 $N = (n_{ij})_{m\times m}$，其中 S 由下式给出：

$$S = \min\left\{1/\max_{0\leqslant i\leqslant m}\sum_{j=1}^{m}A_{ij}, 1/\max_{0\leqslant j\leqslant m}\sum_{i=1}^{m}A_{ij}\right\} \qquad (4\text{-}16)$$

式中：$\max\limits_{0\leqslant i\leqslant m}\sum\limits_{j=1}^{m}A_{ij}$ 为矩阵 A 各行之和的最大值，$\max\limits_{0\leqslant j\leqslant m}\sum\limits_{i=1}^{m}A_{ij}$ 为矩阵 A 各列之和的最大值。

3. 计算综合影响矩阵

矩阵 N 表示安全文化管理绩效评价初级指标体系中各指标之间的直接影响关系。综合影响矩阵 T 表示各指标对系统最终的影响水平。设定 N^2、$N^3 \cdots N^b$ 为 N 的间接影响，并且满足 $\lim\limits_{m\to\infty}N^h = [0]_{m\times m}$，其中 $N = \left[n_{ij}\right]_{m\times m}, 0\leqslant n_{ij} < 1, 0\leqslant \sum_i n_{ij} < 1$，且至少一列 $\text{sum}\sum_j n_{ij} = 1$ 或一行 $\text{sum}\sum_i n_{ij} = 1$。综合影响矩阵 T 由下式给出：

$$T = N + N^2 + \cdots + N^h = n(1-N)^{-1}, \lim_{h\to\infty}N^h = \left[0\right]_{m\times m} \qquad (4\text{-}17)$$

其中 $T = \left[t_{ij}\right]_{n\times n}$，其中 $i, j = 1, 2, \ldots, n$。

4. 计算风险因素的影响度和被影响度

计算公式如下：

$$R = (R_1, \ldots, R_i, \ldots, R_m)' = (R_i)_{m\times 1} = \left[\sum_{j=1}^{m}t_{ij}\right]_{m\times 1} \qquad (4\text{-}18)$$

$$C = (C_1, \ldots, C_j, \ldots, C_m)' = (C_j)_{m\times 1} = \left[\sum_{i=1}^{m}t_{ij}\right]_{1\times m} \qquad (4\text{-}19)$$

其中：R_i 为矩阵 T 第 i 行的行和；C_j 为矩阵 T 第 j 列的列和。

R_i 代表指标 i 对其他指标的直接和间接影响的总和。C_j 表示指标 j 从另一个指标中获得的直接和间接影响的总和。行和列组的总和 $R_i + C_j$ 提供给定和接收的影响力的指数。当 $i = j$ 时，$R_i + C_j$ 表示指标 i 所起中心作用的程度，即中心度，中心度越大，该指标所起的作用就越大，也越重要。$R_i - C_j$ 的值代表各指标的致因能力大小，根据值的大小进行因果聚类，突出因果关系的相对权重。如果

$R_i - C_j$ 为正，则指标 i 对其他指标造成的影响要大于其他指标对它造成的影响，将指标 i 称为原因要素；如果 $R_i - C_j$ 为负，则表示指标 i 对其他指标产生的影响小于其他指标对它产生的影响，将指标 i 称为结果要素。

4.4.3　三角模糊 DEMATEL 方法在本研究中的适用性

安全文化评价指标数量众多，且兼具影响程度不同、指标之间直接和间接影响关系复杂的特点，而 DEMATEL 方法的主要功能是从庞杂关系中识别出关键因素，与识别安全文化评价指标的目标相匹配，所以可以采用 DEMATEL 方法对大量繁杂的安全文化评价指标进行分析、梳理和识别。这种方法是充分利用专家的经验和知识来处理复杂的问题。但是，DEMATEL 方法所需要的直接影响矩阵是通过专家的经验和知识确定的，而专家评价信息具有模糊化的特点。考虑到人们对事物进行判断时存在不确定性和模糊性，传统的专家语义评价法将无法满足要求。所以，将三角模糊函数引入 DEMATEL 方法，形成三角模糊 DEMATEL 方法，通过对 DEMATEL 方法中专家语义的模糊化处理来修正指标关系的模糊性，同时，指标关系的准确性也得到了提高。三角模糊 DEMATEL 方法尊重客观数据，同时也充分考虑了专家的认知，这使指标的筛选更合理、更科学。三角模糊函数作为一种具有三个参数的区间函数，可以有效弥补传统的排序法、打分法以及文字描述法等专家评价法的不足，适用于不确定性或模糊性较高的随机信息表征。而安全文化恰恰是一个定性的概念，受限于人们的认知水平等多种因素，难以确定不确定性的区间分布，专家对安全文化的主观感知也是难以精准判断的，它是一种介于某一区间范围的主观判断。采用三角模糊函数可以描述专家主观判断的范围，对专家语言标度进行定量转化。综上，本节在对安全文化评价指标体系筛选时，选用基于三角模糊函数的 DEMATEL 方法。

4.4.4　基于三角模糊 DEMATEL 方法的评价指标筛选

1. 专家打分

为了有效识别安全文化评价指标，需要通过专家组咨询进行决策。Robbin（2001）曾提出决策团队以 5 ~ 15 人为优。Marlin（1994）则认为 5 ~ 7 人的专家决策组进行决策是最有效的。因此，本研究在安全文化评价指标专家评估阶段邀请了 6 位专家组成决策小组，这 6 位专家的研究领域主要为安全文化。

在安全文化评价指标的筛选过程中，专家咨询、问卷调研主要采用电子邮件、视频通话的方式进行。在专家打分之前告知各位专家此次调研的目的、意义和内容，解释各个指标的含义，之后专家结合自己的知识和工作经验，根据已设计的调查问卷对各个指标相互之间的影响关系、作用强度进行客观、公正的评判。专家在打分过程中，彼此之间互不干扰、互不联系，采用 1~9 评分制来表示指标之间关系的强弱，分值和对应的评价尺度按照由低到高等级划分依次为：①没有影响；②影响程度非常低；③影响程度低；④影响程度比较低；⑤影响程度一般；⑥影响程度较强；⑦影响程度强；⑧影响程度很强；⑨影响程度极强。问卷发放给各专家之后，收回所有问卷，得到各指标相互影响程度表。

2. 构建专家评估语义量表

由于专家在评价各个指标之间的相互影响程度时，主要依据的是自身的知识和经验，因此评价结果具有不确定性和模糊性。为了解决这一问题，可以将专家语义评价与三角模糊数直接进行转化，对初始直接影响矩阵进行精确、量化处理，这样能够提高最后计算的精度。赵希男等（2021）、李红霞等（2021）、程慧平等（2019）、王晓莉等（2014）、江鹏等（2021）在设定专家使用语言评估变量与三角模糊函数转化时，通常将要素间的影响程度划分为五个等级。本节参考了上述文献的研究成果，结合安全文化评价指标体系的特点，将影响程度强弱等级划分为 1~9 这九个等级，最终确定专家语言评估变量与三角模糊数的转换关系，如表 4.3 所示。

表 4.3　专家语义评估变量与三角模糊数的转化

专家语言评估变量	对应分值	对应的三角模糊数
没有影响	1	（0.0，0.1，0.2）
影响程度非常低	2	（0.1，0.2，0.3）
影响程度低	3	（0.2，0.3，0.4）
影响程度比较低	4	（0.3，0.4，0.5）
影响程度一般	5	（0.4，0.5，0.6）
影响程度较强	6	（0.5，0.6，0.7）
影响程度强	7	（0.6，0.7，0.8）
影响程度很强	8	（0.7，0.8，0.9）
影响程度极强	9	（0.8，0.9，1.0）

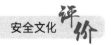

3. 构建去模糊化的直接影响矩阵

在专家评估结果的基础上，将专家的评估矩阵转化为模糊直接影响矩阵，然后利用公式（4-7）~（4-14）对模糊直接影响矩阵进行去模糊化处理，得到安全文化评价指标的去模糊化直接影响矩阵。

4. 构建综合影响矩阵

将安全文化评价指标的直接影响矩阵进行标准化处理，得到标准化直接影响矩阵，在标准化直接影响矩阵的基础上，得出综合影响矩阵。

5. 中心度和原因度测算

在综合影响矩阵的基础上，得出每个指标的影响度和被影响度，并计算出各个指标的中心度和原因度。

根据中心度和原因度测算结果绘制笛卡尔坐标系，在绘制过程中横坐标为中心度，纵坐标为原因度，在坐标系中标注各个指标位置，最后得到安全文化评价指标的因果关系图，如图 4.1 所示。

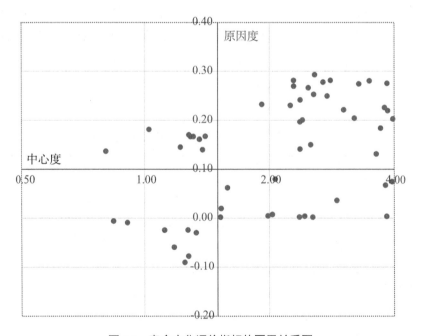

图 4.1　安全文化评价指标的因果关系图

4.5　安全文化评价指标的有效性检验

4.5.1　安全文化评价指标的信度检验

信度是指测量结果的一致性程度或者可靠性程度。信度主要检测被收集数据的可靠性，测量数据的信度指标有稳定性、等值性、内部一致性，具体有重测信度、折半信度、阿尔法系数、构造信度等。阿尔法系数由克伦巴赫（1951）提出，常用来测量李克特量表的内部一致性。阿尔法系数把一组分数的变异看成实际差异和误差，计算阿尔法系数即是计算实际差异的方差占总方差的比例。信度检验的一个重要指标为阿尔法系数，量表内部结构的良好程度是通过阿尔法系数反映的，目前，它是管理学研究中最常用的信度系数。问卷设计质量的信度检验是对测量结果的准确性进行分析。

本节采用阿尔法系数来测量问卷项目的内在一致性，阿尔法系数取值范围为[0,1]。采用 SPSS 25.0 软件对数据进行信度检验，所得结果如表 4.4 所示。

表 4.4　可靠性统计

Cronbach's Alpha	项　　数
0.982	47

由表 4.4 可知，问卷整体的 Cronbach's Alpha 值为 0.982，根据上述分析，整体显示安全文化指标的问卷量表信度良好。接下来对指标层进行信度分析，分析结果如表 4.5 所示。

表 4.5　因素量表统计

指标名称	平均数	平均方差	CICT 值	Cronbach's Alpha
员工履责	61.8204	167.4640	0.7530	0.9500
意识稳定	61.7973	165.7860	0.7540	0.9500

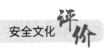

续表

指标名称	平均数	平均方差	CICT 值	Cronbach's Alpha
行为合规	61.5170	168.3210	0.2860	0.9490
安全互保	61.8571	166.9650	0.7750	0.9490
奖励创新	61.8939	165.4030	0.8340	0.9470
制度执行	61.8830	167.3950	0.2790	0.9490
务实可行	61.6993	167.3300	0.7970	0.9480
率先垂范	61.9551	167.7760	0.7720	0.9490
战略执行	61.8054	167.1380	0.7930	0.9490
责任明确	61.8490	169.7410	0.2720	0.9520
责任考核	61.8182	168.1892	0.7728	0.9489
管理科学	61.8128	168.3060	0.7738	0.9488
采购安全	61.7967	168.6563	0.7769	0.9486
隐患治理	61.7913	168.7731	0.7779	0.9485
设备维护	61.7860	168.8898	0.7789	0.9485
理念完善	61.7806	169.0066	0.7799	0.9484
安全培训	61.7752	169.1234	0.7810	0.9483
信息交流	61.7698	169.2402	0.7820	0.9483
培训投入	61.7644	169.3569	0.7830	0.9482

根据表 4.5 可知，所有指标的 Cronbach's Alpha 值都大于 0.7，说明各项指标都具有较高的信度水平。

4.5.2　安全文化评价指标的效度检验

探索性因子分析是采用降维的方法将量表反映的问题概念模型化，将相关性高的变量结合在一起。在完成问卷的编制后，进行探索性因子分析前，需要考察设计量表能否达到有效性。效度指测量工具能够正确测量出所要测量问题的程度。效度分析是正确测量论文研究所想要测量到的功能和程度的有力工具。

数据是否可以进行因子分析，要通过 KMO 样本测度和巴特利特球形检验。KMO 值可检验变量间的偏相关性，取值范围为 0~1。一般情况下，若 KMO≥0.9 时，则量表效度很好，适合做因子分析；若 0.5≤KMO<0.9 时，则说明效度处在可接受的状态；若 KMO<0.5 时，则量表效度很不好，不适合做因子分析，需要修改量表的某些项目。基于整个相关矩阵即单位阵，球形检验在其零假设基础上，判定不适合做因子分析的条件是各个变量不相关。假如 sig 值不为 0，那么原假设就会被接受，判定相关矩阵不是单位阵，说明原变量之间存在相关关系，本研究的问卷是有效的，适合做接下来的分析。主成分分析是因子分析常用的方法，本研究利用其进行效度检验，遵循以下三个基本原则：一是假设两个因子有公共载荷，或者两个因子的公共载荷非常接近；二是存在单个题目的量表；三是若因子的最大载荷小于 0.35 且共同度小于 0.4，那么该因子应删除。

由表 4.6 可知，安全文化评价量表修正后的效度检验结果中 KMO 值为 0.987，巴特利特球形检验近似卡方为 75364.365，自由度为 6224，显著性小于 0.001，极度显著，说明适合做因子分析。

表 4.6　KMO and Bartlett's Test 检验

KMO 取样适合性量数		0.987
Bartlett 球形检验	上次读取的卡方	75364.365
自由度		6224
显著性		0.000

由表 4.7 可知，提取公共因子 5 个，共可解释 71.96% 的原变量信息。本研究将以之为依据对各个因子进行命名，同时展开对指标和问卷的重构。

表 4.7　解释总方差

组件	初始特征值			提取载荷平方和			旋转载荷平方和		
	总计	方差百分比	累积（%）	总计	方差百分比	累积（%）	总计	方差百分比	累积（%）
1	47.17	42.50	42.50	47.17	42.50	42.50	47.12	42.45	42.45
2	18.87	17.00	59.49	18.87	17.00	59.49	18.85	16.98	59.43
3	8.99	8.10	67.59	8.99	8.10	67.59	9.06	8.16	67.59
4	3.13	2.82	70.41	3.13	2.82	70.41	3.12	2.81	70.40
5	1.72	1.55	71.96	1.72	1.55	71.96	1.73	1.56	71.96

　　选取主成分时，应选用特征值大于 1 的。由表 4.7 可知，经统计软件计算，留下了初始特征值大于 1 的 5 个主成分。第一个成分的累积贡献率达 42.50%，特征根为 47.17；第二个成分的累计贡献率达 59.49%，特征根为 18.87；第三个成分的累计贡献率达 67.59%，特征根为 8.99；第四个成分的累计贡献率达 70.41%，特征根为 3.13；第五个成分的累计贡献率达 71.96%，特征根为 1.72。因此，可认为此次主成分因子的提取是有效的。

　　提取所研究题项时采用因子分析中的主成分分析法，然后采用最大方差法得到旋转成分矩阵，如表 4.8 所示。

表 4.8　旋转成分矩阵

	组件				
	1	2	3	4	5
A_1	0.844				
A_2	0.842				
A_3	0.854				
B_1		0.835			
B_2		0.853			

	组 件			
B_3	0.829			
B_4	0.823			
C_1		0.799		
C_2		0.823		
C_3		0.817		
C_4		0.821		
C_5		0.838		
D_1			0.812	
D_2			0.821	
D_3			0.826	
D_4			0.814	
E_1				0.826
E_2				0.804
E_3				0.816

因子1包含题项员工履责、意识稳定、行为合规。旋转后因子载荷较高，通过效度检验，命名为"员工安全素质"。

因子2包含题项安全互保、奖励创新、制度执行、务实可行。旋转后因子载荷较高，通过效度检验，命名为"安全制度机制"。

因子3包含题项率先垂范、战略执行、责任明确、责任考核、管理科学。旋转后因子载荷较高，通过效度检验，命名为"安全管理能力"。

因子4包含题项采购安全、隐患治理、设备维护、理念完善。旋转后因子载荷较高，通过效度检验，命名为"企业安全导向"。

因子5包含题项安全培训、信息交流、培训投入。旋转后因子载荷较高，通过效度检验，命名为"安全培训沟通"。

第 5 章

基于改进物元可拓模型的
企业安全文化评价

5.1 基于专家可信度改进的 SPA-IAHP 赋权法

5.1.1 研究方法

集对分析理论（Set Pair Analysis，SPA）是 1989 年由中国学者赵克勤提出的，它是一种分析确定和不确定的系统的、新颖的理论。该理论能够将系统中确定和不确定的相互联系、相互影响与转化的关系通过联系数来描述，能够辩证地分析局部和整体全面的关系，能够通过数学方法来处理局部和整体全面之间的关系，让人们有了一个全新的思路来处理确定和不确定的关系。由于传统的 AHP 法主观性太强且是通过点值判断矩阵进行计算，这种情况容易丢失大量的决策信息。针对这一问题，吴育华（1995）教授提出了区间层次分析法（Interval Analytic Hierarchy Process，IAHP），IAHP 法在 AHP 法的基础上融入了区间数的优势，使得专家对指标间相对重要性的不确定和主观判断得到了有效的表达。但是运用 IAHP 法，专家在判断的过程中，结果容易受到专家不同偏好的影响，最终导致获得的指标权重不准确。为解决这一问题，本研究将引用动态的专家可信度对 IAHP 法权重结果进行改进。专家可信度是由不同专家判断矩阵间的相似度和差异度计算的动态信度值。用专家可信度改进指标的权重区间，可降低决策者偏好造成的判断失真，并避免传统专家决策法中由职称、工作经验等确定权重的静态、主观过程，提高了赋权结果的科学性。由于 IAHP 法计算权重为区间值，不利于对风险大小进行评判，而运用 SPA 三元联系数可将权重区间转化为精确值。因此，本研究建立基于专家可信度改进的 SPA-IAHP 赋权法确定指标权重值，具体过程如下。

1. 基于相似度和差异度的专家可信度

首先，邀请 m 位行业内的专家，根据 1 ~ 9 标度法对安全文化指标进行重要程度比较。设某一准则层指标对应的指标个数为 n，将指标间的相对重要程度区间化，得到第 l 位专家的区间数判断矩阵 $A_l = (a_{lij})_{n \times n}$，$a_{lij} = \left[a_{lij}^L, a_{lij}^H \right]$，$l = 1, 2, \cdots, m$，指标自身的比较记为 $[1,1]$。设矩阵 A_l 和 A_p 的导出向量表示为 $\text{vec}(A_l)$ 和 $\text{vec}(A_p)$，二者向量夹角 α_{lp}，记 $\theta_{lp} = \cos \alpha_{lp}$，$0 \leqslant \theta_{lp} \leqslant 1$，则 $\text{vec}(A_l)$，θ_{lp} 分别表示为：

$$\text{vec}(A_l)_{1 \times 2n^2} = (a_{l11}^L, \cdots, a_{ln1}^L, a_{l12}^L, \cdots, a_{l1n}^L, a_{l1n}^L, \cdots, a_{lnn}^L, a_{l11}^H, \cdots, \\ a_{ln1}^H, a_{l12}^H, \cdots, a_{l1n}^H, a_{l1n}^H, \cdots, a_{lnn}^H) \tag{5-1}$$

$$\theta_{lp} = \frac{[\text{vec}(A_l), \text{vec}(A_p)]}{\| \text{vec}(A_l) \| \cdot \| \text{vec}(A_p) \|} \tag{5-2}$$

式中：θ_{lp} 为向量夹角的余弦函数。

相似度 λ_l 的计算公式如下，相似度越大，表示 A_l 的可信度越高。

$$\lambda_l = \frac{\sum\limits_{p=1, p \neq l}^{m} \theta_{lp}}{\sum\limits_{l=1}^{m} (\sum\limits_{p=1, p \neq l}^{m} \theta_{lp})} \tag{5-3}$$

其次，δ_l 表示矩阵 A_l 的差异度，差异度越小，表示第 l 位专家可信度越高。差异度 δ_l 计算公式为：

$$\sigma_l = \sum_{u=1}^{2n^2} \left| a_{ltu} - \frac{1}{m} \times \sum_{l=1}^{m} a_{ltu} \right| \tag{5-4}$$

$$\delta_l = \sigma_l \Big/ \sum_{l=1}^{m} \sigma_l \tag{5-5}$$

式中：a_{ltu} 表示第 l 位专家判断矩阵导出向量的列元素，其中 $t = 1$，$u = 1, 2, \dots, 2n^2$。

最后，将相似度和差异度作为专家可信度的两个变量，此时专家可信度随判断矩阵的不同而变化。r_l 值越大，表示专家可信度越高。专家可信度 r_l 表示为：

$$r_l = \begin{cases} \lambda_l, & \sum\limits_{l=1}^{m} \lambda_l \delta_l = 1 \\ \dfrac{\lambda_l(1-\delta_l)}{1-\sum\limits_{l=1}^{m} \lambda_l \delta_l}, & \sum\limits_{l=1}^{m} \lambda_l \delta_l \neq 1 \end{cases} \qquad (5\text{-}6)$$

2. 基于专家可信度的判断矩阵权重区间

首先，构造一致性数字判断矩阵 $M_l = (m_{lij})_{n \times n}$ 及权向量 $w_l = (w_{l1}, \cdots, w_{ln})$，表示如下：

$$m_{lij} = (\prod_{k=1}^{n} \dfrac{a_{lik}^{L} a_{lik}^{H}}{a_{ljk}^{L} a_{ljk}^{H}})^{\frac{1}{2n}} \qquad (5\text{-}7)$$

$$w_{lj} = (\prod_{k=1}^{n} a_{ljk}^{L} a_{ljk}^{H})^{\frac{1}{2n}} \Big/ \sum_{i=1}^{n} (\prod_{k=1}^{n} a_{lik}^{L} a_{lik}^{H})^{\frac{1}{2n}} \qquad (5\text{-}8)$$

其次，构造极差矩阵 $\Delta_q M_l = (\Delta_q M_{lij})_{n \times n}$，其中 $q = 1, 2$，且 $\Delta_1 m_{lij} = m_{lij} - a_{lij}^{L}$，$\Delta_2 m_{lij} = a_{lij}^{H} - m_{lij}$，根据误差传递理论，极差矩阵的权重计算如下：

$$(\Delta_q w_{lj})^2 = \sum_{i=1}^{n} (\Delta_q m_{lij})^2 \Big/ (\sum_{i=1}^{n} m_{lij})^4 \qquad (5\text{-}9)$$

第 l 位专家的判断矩阵权重区间为：

$$\tilde{w}_{lj} = (w_{lj}^{L}, w_{lj}^{H}) = (w_{lj} - \Delta_1 w_{lj}, w_{lj} + \Delta_2 w_{lj}) \qquad (5\text{-}10)$$

最后，引入专家可信度 r_l 修正权重区间，则 $\tilde{w}_j$ 为：

$$\tilde{w}_j = \sum_{l=1}^{m} r_l \tilde{w}_{lj} \qquad (5\text{-}11)$$

3. 基于 SPA 三元联系数确定权重精确值

集对分析主要从同、异、反这三个角度对同一系统中确定性与不确定性的相互作用进行分析。基本思路是将任意两个集合组成集对，然后分析集对的特性，

特性总数为 N 个，其中有 S 个共有特性，P 个相互对立的特性，剩余关系不确定的特性为 F 个。通过联系度理论将不确定的辩证认识转化为数学表达运算，联系度表达式为：

$$u = \frac{S}{N} + \frac{P}{N}i + \frac{F}{N}j = a + bi + cj \qquad (5-12)$$

式中：$a = \frac{S}{N}$、$b = \frac{P}{N}$、$c = \frac{F}{N}$ 依次表示同一度、差异度及对立度，且 $a + b + c = 1$。i 和 j 分别表示差异度系数和对立度系数，$i \in [0,1]$，$j = -1$。

$\tilde{w}_j \in \left[W_j^L, W_j^H \right]$ 且 $\tilde{w}_j \in [0,1]$，将 $\tilde{w}_j$ 与 $[0,1]$ 形成集对，则联系度为：

$$u_j = w_j^L + (w_j^H - w_j^L)i + (1 - w_j^H)j \qquad (5-13)$$

计算确定性和不确定性区间的权重 D_j 和 U_j，可得指标 j 的权重 W_j，表示如下：

$$D_j = \frac{1 + a_j - c_j}{\sum\limits_{k=1}^{n}(1 + a_k - c_k)} \qquad (5-14)$$

$$U_j = \frac{1 - b_j}{\sum\limits_{k=1}^{n}(1 - b_k)} \qquad (5-15)$$

$$W_j = \frac{D_j U_j}{\sum\limits_{k=1}^{n}(D_k U_k)} \qquad (5-16)$$

5.1.2 权重确定

1. 确定专家区间数判断矩阵

第 4 章选取了 6 位具有丰富理论和实践经验的专家对初级评价指标的相互影响程度进行比较。这些专家已经对安全文化有了一定的研究，本小节将通过基于专家可信度改进的 SPA-IAHP 赋权法给指标层和准则层各指标进行赋权，并对上述 6 位专家进行问卷调查，获得指标间的重要性比较结果。考虑到篇幅问题，本

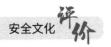

小节以安全制度机制为例，对指标赋权过程及赋权结果进行阐述，其他指标的计算过程与此相同。可获得指标层的安全互保、奖励创新、制度执行、务实可行这四个三级指标的专家区间数判断矩阵 $E_1 \sim E_6$ 如下：

$$E_1 = \begin{bmatrix} [1,1] & \left[\frac{1}{2},1\right] & \left[\frac{1}{2},1\right] & [1,2] \\ [1,2] & [1,1] & [1,1] & [2,3] \\ [1,2] & [1,1] & [1,1] & [2,3] \\ \left[\frac{1}{2},1\right] & \left[\frac{1}{3},\frac{1}{2}\right] & \left[\frac{1}{3},\frac{1}{2}\right] & [1,1] \end{bmatrix} \quad E_2 = \begin{bmatrix} [1,1] & \left[\frac{1}{3},\frac{1}{2}\right] & \left[\frac{1}{3},1\right] & \left[\frac{1}{2},1\right] \\ [2,3] & [1,1] & [1,2] & [1,2] \\ [1,3] & \left[\frac{1}{2},1\right] & [1,1] & [1,2] \\ [1,2] & \left[\frac{1}{2},1\right] & \left[\frac{1}{2},1\right] & [1,1] \end{bmatrix}$$

$$E_3 = \begin{bmatrix} [1,1] & [1,2] & \left[\frac{1}{2},1\right] & \left[\frac{1}{2},1\right] \\ \left[\frac{1}{2},1\right] & [1,1] & \left[\frac{1}{2},1\right] & \left[\frac{1}{2},1\right] \\ [1,2] & [1,2] & [1,1] & \left[\frac{1}{2},1\right] \\ [1,2] & [1,2] & [1,2] & [1,1] \end{bmatrix} \quad E_4 = \begin{bmatrix} [1,1] & \left[\frac{1}{2},1\right] & \left[\frac{1}{2},1\right] & \left[\frac{1}{2},1\right] \\ [1,2] & [1,1] & \left[\frac{1}{2},1\right] & [1,1] \\ [1,2] & [1,2] & [1,1] & [1,2] \\ [1,1] & [1,1] & \left[\frac{1}{2},1\right] & [1,1] \end{bmatrix}$$

$$E_5 = \begin{bmatrix} [1,1] & \left[\frac{1}{4},\frac{1}{2}\right] & \left[\frac{1}{3},\frac{1}{2}\right] & [1,2] \\ [2,4] & [1,1] & [1,2] & [2,4] \\ [2,3] & \left[\frac{1}{2},1\right] & [1,1] & [2,4] \\ \left[\frac{1}{2},1\right] & \left[\frac{1}{4},\frac{1}{2}\right] & \left[\frac{1}{4},\frac{1}{2}\right] & [1,1] \end{bmatrix} \quad E_6 = \begin{bmatrix} [1,1] & \left[\frac{1}{2},1\right] & \left[\frac{1}{2},1\right] & [1,3] \\ [1,2] & [1,1] & [1,1] & [1,2] \\ [1,2] & [1,1] & [1,1] & [1,2] \\ \left[\frac{1}{3},1\right] & \left[\frac{1}{2},1\right] & \left[\frac{1}{2},1\right] & [1,1] \end{bmatrix}$$

2. 计算专家可信度

根据公式（5-1）～（5-6）计算得出专家可信度 $r_l = (0.1701, 0.1665, 0.1615,$ $0.1674, 0.1656, 0.1689)$，其中 $r_1 = 0.1701$，表示专家一在安全制度机制评判中可信度最高。

3. 计算基于专家可信度的判断矩阵权重区间

首先，在专家区间数判断矩阵 $E_1 \sim E_6$ 的基础上，根据公式（5-7）和（5-8）构造一致性数字判断矩阵 M_l 和权向量 w_l。

专家一的一致性数字判断矩阵 M_1 和权向量 w_1：

$$M_1 = \begin{bmatrix} 1.0000 & 0.6722 & 0.6722 & 1.5651 \\ 1.4877 & 1.0000 & 1.0000 & 2.3284 \\ 1.4877 & 1.0000 & 1.0000 & 2.3284 \\ 0.6389 & 0.4295 & 0.4295 & 1.0000 \end{bmatrix}$$

$$w_1 = (0.2617, 0.3224, 0.3224, 0.1385)$$

专家二的一致性数字判断矩阵 M_2 和权向量 w_2：

$$M_2 = \begin{bmatrix} 1.0000 & 0.4295 & 0.5570 & 0.6968 \\ 2.3284 & 1.0000 & 1.2968 & 1.6224 \\ 1.7955 & 0.7711 & 1.0000 & 1.2510 \\ 0.1525 & 0.6164 & 0.7993 & 1.0000 \end{bmatrix}$$

$$w_2 = (0.1525, 0.3550, 0.2737, 0.2188)$$

专家三的一致性数字判断矩阵 M_3 和权向量 w_3：

$$M_3 = \begin{bmatrix} 1.0000 & 1.1892 & 0.8409 & 0.7071 \\ 0.8409 & 1.0000 & 0.7071 & 0.5946 \\ 1.1892 & 1.4142 & 1.0000 & 0.8409 \\ 1.4142 & 1.6818 & 1.1892 & 1.0000 \end{bmatrix}$$

$$w_3 = (0.2250, 0.1892, 0.2676, 0.3182)$$

专家四的一致性数字判断矩阵 M_4 和权向量 w_4：

$$M_4 = \begin{bmatrix} 1.0000 & 0.7711 & 0.5946 & 0.7711 \\ 1.2968 & 1.0000 & 0.7711 & 1.0000 \\ 1.6818 & 1.2968 & 1.0000 & 1.2968 \\ 1.2968 & 1.0000 & 0.7711 & 1.0000 \end{bmatrix}$$

$$w_4 = (0.1896, 0.2458, 0.3188, 0.2458)$$

专家五的一致性数字判断矩阵 M_5 和权向量 w_5：

$$M_5 = \begin{bmatrix} 1.0000 & 0.3665 & 0.4518 & 1.2327 \\ 2.7285 & 1.0000 & 1.2327 & 3.3636 \\ 2.2134 & 0.8112 & 1.0000 & 2.7285 \\ 0.8112 & 0.2973 & 0.3665 & 1.0000 \end{bmatrix}$$

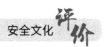

$$w_5 = (0.1481, 0.4040, 0.3278, 0.1201)$$

专家六的一致性数字判断矩阵 M_6 和权向量 w_6：

$$M_6 = \begin{bmatrix} 1.0000 & 0.8112 & 0.8112 & 1.3161 \\ 1.2327 & 1.0000 & 1.0000 & 1.6244 \\ 1.2327 & 1.0000 & 1.0000 & 1.6244 \\ 0.7598 & 0.6164 & 0.6164 & 1.0000 \end{bmatrix}$$

$$w_6 = (0.2367, 0.2917, 0.2918, 0.1798)$$

其次，根据公式（5-9）计算极差矩阵的权重。

当 q=1 时，得到极差矩阵的权重：

$$\Delta_1 w_1 = (0.0330, 0.0205, 0.0205, 0.0140)$$

$$\Delta_1 w_2 = (0.0224, 0.0391, 0.0358, 0.0335)$$

$$\Delta_1 w_3 = (0.0288, 0.0294, 0.0316, 0.0415)$$

$$\Delta_1 w_4 = (0.0288, 0.0243, 0.0401, 0.0243)$$

$$\Delta_1 w_5 = (0.0180, 0.0548, 0.0307, 0.0226)$$

$$\Delta_1 w_6 = (0.0302, 0.0283, 0.0283, 0.0302)$$

当 q = 2 时，得到极差矩阵的权重：

$$\Delta_2 w_1 = (0.0380, 0.0349, 0.0349, 0.0200)$$

$$\Delta_2 w_2 = (0.0346, 0.0570, 0.0641, 0.0427)$$

$$\Delta_2 w_3 = (0.0513, 0.0376, 0.0628, 0.0531)$$

$$\Delta_2 w_4 = (0.0375, 0.0447, 0.0527, 0.0447)$$

$$\Delta_2 w_5 = (0.0330, 0.0502, 0.0838, 0.0233)$$

$$\Delta_2 w_6 = (0.0622, 0.0364, 0.0364, 0.0571)$$

然后，根据公式（5-10）计算出 6 位专家的判断矩阵权重区间，具体如下：

$$\tilde{w}_1 = \left[(0.1837, 0.2547), (0.3019, 0.3573), (0.3010, 0.3571), (0.1244, 0.1585) \right]$$

$$\tilde{w}_2 = \left[(0.1300, 0.1871), (0.3159, 0.4120), (0.2380, 0.3378), (0.1853, 0.2615) \right]$$

$$\tilde{w}_3 = \left[(0.1962, 0.2763), (0.1599, 0.2268), (0.2360, 0.3303), (0.2767, 0.3713) \right]$$

$$\tilde{w}_4 = \left[(0.1608, 0.2271), (0.2215, 0.2905), (0.2787, 0.3715), (0.2214, 0.2904) \right]$$

$$\tilde{w}_5 = \left[(0.1301, 0.1811), (0.3492, 0.4542), (0.2970, 0.4116), (0.0976, 0.1434)\right]$$

$$\tilde{w}_6 = \left[(0.2065, 0.2989), (0.2625, 0.3271), (0.2635, 0.3281), (0.1496, 0.2370)\right]$$

最后，根据公式（5-11），引入专家可信度 r_l 修正权重区间，则得到修正后的权重区间：

$$\tilde{w} = \left[(0.1679, 0.2376), (0.2692, 0.3453), (0.2694, 0.3561), (0.1752, 0.2429)\right]$$

4. 基于 SPA 三元联系数确定权重精确值

根据公式（5-12）和（5-13）得到联系度表达式：

$$u_1 = 0.1775 + 0.0697i + 0.7624j$$

$$u_2 = 0.2692 + 0.0761i + 0.6547j$$

$$u_3 = 0.2694 + 0.0867i + 0.6439j$$

$$u_4 = 0.1752 + 0.0677i + 0.7571j$$

结合公式（5-14）~（5-16）得到确定性区间权重 D、不确定性区间权重 U，以及安全互保、奖励创新、制度执行、务实可行这四个指标的权重 W_{wh-jq}，具体如下：

$$D = (0.2002, 0.2964, 0.3017, 0.2017)$$

$$U = (0.2514, 0.2497, 0.2468, 0.2520)$$

$$W_{wh-jq} = (0.2016, 0.2965, 0.2983, 0.2036)$$

同理，根据上述过程计算准则层指标权重，得到员工安全素质、安全制度机制、安全管理能力、企业安全导向、安全培训沟通准则层的指标权重 W_{zzc}，员工安全素质指标层的各个指标的权重 W_{ry-jq}，安全管理能力指标层的各个指标的权重 $W_{jxsb-jq}$，企业安全导向指标层的各个指标的权重 W_{hj-jq}，以及安全培训沟通指标层的各个指标的权重 W_{gl-jq}，如下：

$$W_{zzc} = (0.3410, 0.1102, 0.1095, 0.3571, 0.0822)$$

$$W_{ry-jq} = (0.3058, 0.3111, 0.3831)$$

$$W_{jxsb-jq} = (0.2502, 0.2420, 0.1900, 0.0977, 0.2201)$$

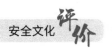

$$W_{hj-jq} = (0.0830, 0.0496, 0.1158, 0.0748)$$
$$W_{gl-jq} = (0.2574, 0.3791, 0.3635)$$

将员工安全素质、安全制度机制、安全管理能力、企业安全导向、安全培训沟通指标层的各个指标的权重 W_{ry-jq}、W_{wh-jq}、$W_{jxsb-jq}$、W_{hj-jq}、W_{gl-jq} 与准则层的指标权重 W_{zzc} 进行结合，得到员工安全素质、安全制度机制、安全管理能力、企业安全导向、安全培训沟通指标层各指标的综合权重，如表 5.1 所示。

表 5.1 企业安全文化评价指标权重

二级指标	二级指标权重	三级指标	三级指标权重	综合权重
员工安全素质	0.3410	员工履责	0.3058	0.1043
		意识稳定	0.3111	0.1061
		行为合规	0.3831	0.1306
安全制度机制	0.1102	安全互保	0.2016	0.0222
		奖励创新	0.2965	0.0327
		制度执行	0.2983	0.0329
		务实可行	0.2036	0.0224
安全管理能力	0.1095	率先垂范	0.2502	0.0274
		战略执行	0.2420	0.0265
		责任明确	0.1900	0.0208
		责任考核	0.0977	0.0107
		管理科学	0.2201	0.0241
企业安全导向	0.3571	采购安全	0.2831	0.1011
		隐患治理	0.2496	0.0891
		设备维护	0.2158	0.0771
		理念完善	0.2515	0.0898

二级指标	二级指标权重	三级指标	三级指标权重	综合权重
安全培训沟通	0.0822	安全培训	0.2574	0.0212
		信息交流	0.3791	0.0312
		培训投入	0.3635	0.0299

5.2　基于改进的物元可拓的安全文化评价

5.2.1　改进的物元可拓模型

传统的物元可拓模型具有评价指标不可公开度、测量值超出范围易导致关联函数失效、分层逐级计算综合关联度导致计算量大等问题。针对以上不足，提出了改进的物元可拓模型，首先进行数据去量纲化处理，然后用距阵代替关联度函数，用综合权重值代替单层次权重值，避免重复计算、简化计算过程，最后引入级别变量特征值，增强模型的直观性和客观性。

1. 确定评价体系经典域与节域

确定评估对象 R、划分等级 N、评价指标 C，以及指标的量值区间 X，将评估对象以物元 $R=(N,C,X)$ 的形式来表示，获得评价体系的经典域 R_0、节域 R_p。

$$R_0 = \begin{bmatrix} N & N_1 & N_2 & \cdots & N_k \\ C_1 & (a_{11}, b_{11}) & (a_{12}, b_{12}) & \cdots & (a_{1k}, b_{1k}) \\ C_2 & (a_{21}, b_{21}) & (a_{22}, b_{22}) & \cdots & (a_{2k}, b_{2k}) \\ \vdots & \vdots & \vdots & \vdots & \vdots \\ C_m & (a_{m1}, b_{m1}) & (a_{m2}, b_{m2}) & \cdots & (a_{mk}, b_{mk}) \end{bmatrix} \quad (5\text{-}17)$$

$$R_p = \begin{bmatrix} N & C_1 & (a_{1p}, b_{1p}) \\ & C_2 & (a_{2p}, b_{2p}) \\ & \vdots & \vdots \\ & C_{2m} & (a_{mp}, b_{mp}) \end{bmatrix} \quad (5\text{-}18)$$

式中：N_1，N_2，...，N_k分别为化工企业安全文化水平的k个不同等级；C_1，C_2，...，C_m为m个评价指标；$X_{ij}=(a_{ij},b_{ij})$表示第$i(i=1,2,...,m)$个指标的第$j(j=1,2,...,k)$个等级N_j的量值区间；a_{ij}，b_{ij}分别为经典域物元特征数值区间X_{ij}的下限与上限；a_{ip}，b_{ip}分别为节域物元特征数值区间X_{ip}的下限与上限；$X_{ij}\subseteq X_{ip}$。

2. 获取待评价物元

待评价物元用R_s表示；S_1，S_2，...，S_n为待评价对象；x_{il}为S_l关于指标C_i的实测数据，$i=1,2,...,m$，$l=1,2,...,n$。

$$R_s=\begin{bmatrix} S & S_1 & S_2 & \cdots & S_n \\ C_1 & x_{11} & x_{12} & \cdots & x_{1n} \\ C_2 & x_{21} & x_{22} & \cdots & x_{2n} \\ \vdots & \vdots & \vdots & \vdots & \vdots \\ C_m & x_{m1} & x_{m2} & \cdots & x_{mn} \end{bmatrix} \qquad (5-19)$$

3. 数据的去量纲化处理

为避免产生评价指标不可公度的问题，对数据进行去量纲化处理，去量纲化处理的方法如下式所示：

$$x'=\begin{cases} (x_{\max}-x)/(x_{\max}-x_{\min}), 越大越优 \\ (x-x_{\min})/(x_{\max}-x_{\min}), 越小越优 \end{cases} \qquad (5-20)$$

式中：去量纲化处理后数据为x'；原始数据为x；$x_{\max}$和$x_{\min}$分别为指标量值区间的最大值和最小值。

去量纲化处理后得到新的经典域、节域以及待评价物元用R_0'、R_p'、R_s'来表示。

4. 计算关联函数

传统的物元可拓模型需要分级、逐层计算关联度，计算量大且过程烦琐。改进后的计算公式如下：

$$K_j(x_i) = \begin{cases} -\dfrac{\rho(x_i, x_{ji})}{|\beta_{ji} - \alpha_{ji}|} & , x_i \in X_{ji} \\[4mm] \dfrac{\rho(x_i, x_{ji})}{\rho(x_i, X_{pi}) - \rho(x_i, X_{ji})} & , x_i \notin X_{ji} \end{cases} \tag{5-21}$$

式中：$K_j(x_i)$ 表示关联度，$\rho(x_i, x_{ji})$，$\rho(x_i, X_{pi})$ 分别表示测量数据与经典域、节域的距离。

$$\begin{aligned} \rho(x_i, X_{ji}) &= \left| x_i - \frac{1}{2}(\alpha_{ji} + \beta_{ji}) \right| - \frac{1}{2}(\beta_{ji} - \alpha_{ji})\rho(x_i, X_{pi}) \\ &= \left| x_i - \frac{1}{2}(\alpha_{pi} + \beta_{pi}) \right| - \frac{1}{2}(\beta_{pi} - \alpha_{pi}) \end{aligned} \tag{5-22}$$

一级评价计算公式为：

$$K_j(B_q) = \sum_{i=1}^{qm} w_{qm} K_q(C_{qm}) \tag{5-23}$$

二级评价计算公式为：

$$K_j(S_k) = \sum_{i=1}^{n} w_q K_j(B_q) \tag{5-24}$$

式中：S_k 表示待评价物元，B_q 表示一级指标，W_q 表示单层次权重，C_{qm} 表示指数等级，W_{qm} 表示 C_{qm} 的单层次权重。

对数据进行去量纲化处理后，为避免测量值超出量值范围、关联函数失效问题，关联度函数改用距 D_{ij} 表示，计算公式如下：

$$D_{ij} = \left| x' - \frac{1}{2}(a_{ij}' + b_{ij}') \right| - \frac{1}{2}(b_{ij}' - a_{ij}') \tag{5-25}$$

式中：D_{ij} 为指标 C_i 对企业安全文化水平等级 N_j 的关联度；x'、a_{ij}'、b_{ij}' 分别为去量纲化处理后的测量值、区间量值的下限与上限。

5. 计算综合关联度

相应地，综合关联度 $K_j(S_l)$ 的计算公式如下：

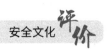

$$K_j(S_l) = \sum_{i=1}^{m} w_i D_{ij} \qquad (5\text{-}26)$$

式中：$K_j(S_l)$ 即为待评价对象 S_l 关于等级的综合关联度；w_i 为第 i 个因子对化工企业安全文化水平影响的综合权值。

6. 评定待评价物元的等级

按最大隶属度原则，取 $K_j(S_l)$ 的最大值所对应的危险等级 N_j，则 S_l 的企业安全文化管理绩效等级为第 j 级：j 为 1 时，代表优秀等级；j 为 2 时，代表良好等级；j 为 3 时，代表一般等级；j 为 4 时，代表差等级；j 为 5 时，代表劣等级。为更直观地表达企业安全文化管理绩效水平等级，引入级别变量特征值 j^*，判断待评价物元偏向相邻级别的程度。若 $j^* > j$，则偏向下一低水平等级；若 $j^* < j$，则偏向上一高水平等级。此外，$|j^* - j|$ 越大，偏向程度越强。

$$j^* = \sum_{j=1}^{k} j\bar{K}_j(S_l) \Big/ \sum_{j=1}^{k} \bar{K}_j(S_l) \qquad (5\text{-}27)$$

式中：$\bar{K}_j(S_l) = \dfrac{K_j(S_l) - \min K_j(S_l)}{\max K_j(S_l) - \min K_j(S_l)}$；$\min K_j(S_l)$、$\max K_j(S_l)$ 分别为评估企业 S_l 关于等级 N_j 综合关联度的最小值与最大值。

5.2.2 案例分析

H 企业紧紧围绕集团公司"创新、变革、竞争、共赢"的发展战略，以"聚焦主业、优化结构、改革创新、做强做优"为战略定位，历经艰苦创业，形成了煤化工、盐化工、精细化工及新能源、新型建材等系列产业布局，成为综合性国家大型化工企业、国家大型支农物资化肥生产企业、安徽省疫情防控物资重点保障企业。在对 H 企业安全文化进行评价时，根据改进的物元可拓模型依次对安全文化评价指标体系中的指标层、准则层以及目标层进行评价，最终确定 H 企业安全文化水平。由于篇幅问题，本小节在指标层评价过程中以安全制度机制的指标评价为例进行计算。

1. 确定待评价物元

确定待评价物元如下：

$$R = \begin{bmatrix} A_1 & 74.1538 \\ A_2 & 75.4621 \\ A_3 & 71.9231 \\ A_4 & 70.7692 \end{bmatrix}$$

2. 计算指标层各指标关联度

从指标层的各个指标开始进行计算，以安全制度因素中的综合素质水平 A_1 为例，详细说明计算过程，综合素质水平的特征值为 0.7415，根据公式（5-21）~（5-26）得到综合素质水平的关联度结果如下：

$$K_1(A_1) = \frac{\left| 0.7415 - \frac{0.9+1.0}{2} \right| - \frac{1.0-0.9}{2}}{\left| 0.7415 - \frac{0+1.0}{2} - \frac{1.0-0}{2} \right| - \left| 0.7415 - \frac{0.9+1.0}{2} - \frac{1.0-0.9}{2} \right|} = -0.3801$$

$$K_2(A_1) = \frac{\left| 0.7415 - \frac{0.8+0.9}{2} \right| - \frac{0.9-0.8}{2}}{\left| 0.7415 - \frac{0+1.0}{2} - \frac{1.0-0}{2} \right| - \left| 0.7415 - \frac{0.8+0.9}{2} - \frac{0.9-0.8}{2} \right|} = -0.1845$$

$$K_3(A_1) = \frac{\left| 0.7415 - \frac{0.7+0.8}{2} \right| - \frac{0.8-0.7}{2}}{0.8-0.7} = 0.4105$$

$$K_4(A_1) = \frac{\left| 0.7415 - \frac{0.7+0.6}{2} \right| - \frac{0.7-0.6}{2}}{\left| 0.7415 - \frac{0+1.0}{2} - \frac{1.0-0}{2} \right| - \left| 0.7415 - \frac{0.7+0.6}{2} - \frac{0.7-0.6}{2} \right|} = -0.1383$$

$$K_5(A_1) = \frac{\left| 0.7415 - \frac{0.6+0}{2} \right| - \frac{0.6-0}{2}}{\left| 0.7415 - \frac{0+1.0}{2} - \frac{1.0-0}{2} \right| - \left| 0.7415 - \frac{0.6+0}{2} - \frac{0.6-0}{2} \right|} = -0.3538$$

根据人员因素的综合素质水平的关联度计算结果可知，$K_3(A_1)$ 的数值最大，因此可以确定综合素质水平的评价等级为一般水平。同理，依据公式（5-21）~（5-26）依次计算出员工安全素质、安全制度机制、安全管理能力、企业安全导向、安全培训沟通各个指标的关联度（经典域距离），最终得到指标层各指标的经典域距离以及对应的等级，如表 5.2 所示。

表 5.2　指标层各指标关联度及对应等级

指标层	K_1	K_2	K_3	K_4	K_5	等级
员工履责	−0.3801	−0.1845	0.4150	−0.1383	−0.3538	3
意识稳定	−0.3278	−0.1411	0.4920	−0.1373	−0.3537	3
行为合规	−0.3917	−0.2234	0.1923	−0.0641	−0.2981	3
安全互保	0.0000	−1.0000	−1.0000	−1.0000	−1.0000	1
奖励创新	−0.5000	0.3333	−0.6667	−0.8333	−0.8750	2
制度执行	−0.4224	−0.1626	0.3615	−0.2554	−0.4681	3
务实可行	−0.3898	0.1154	−0.0769	−0.4462	−0.6044	2
率先垂范	−0.3755	−0.1684	0.2540	−0.3730	−0.5820	3
战略执行	−0.3584	−0.1051	0.1330	−0.4335	−0.6223	3
责任明确	−0.4164	−0.2992	0.2550	−0.1275	−0.4183	3
责任考核	−0.4540	−0.3987	−0.2458	0.0330	−0.0110	4
管理科学	−0.4393	−0.3618	−0.1180	0.3090	−0.2303	4
采购安全	−0.3690	−0.1448	0.4077	−0.1974	−0.3981	3
隐患治理	−0.2876	0.3231	−0.1615	−0.4410	−0.5808	2
设备维护	−0.2695	0.4154	−0.2077	−0.4718	−0.6038	2
理念完善	−0.3673	−0.1389	0.3846	−0.2051	−0.4038	3
安全培训	−0.3818	−0.1905	0.3846	−0.1282	−0.3462	3
信息交流	−0.2400	0.4615	−0.2692	−0.5128	−0.6346	2
培训投入	−0.2379	0.4540	−0.2730	−0.5153	−0.6365	2

3. 确定各指标权重

根据基于专家可信度改进的 SPA-IAHP 赋权法，计算得出员工安全素质、安全制度机制、安全管理能力、企业安全导向、安全培训沟通指标的权重。这里直接将权重计算结果应用于本案例。

4. 计算准则层指标值

结合指标层各指标的权重计算得出员工安全素质、安全制度机制、安全管理能力、企业安全导向、安全培训沟通的关联度以及等级情况，如表 5.3 所示。

表 5.3　准则层的关联度及对应等级

准则层	K_1	K_2	K_3	K_4	K_5	j	等级
员工安全素质	−0.0957	−0.1450	−0.0395	−0.1136	−0.1704	3	3
安全制度机制	−0.0351	−0.0261	−0.0272	−0.0639	−0.0770	2	2
安全管理能力	−0.0436	−0.0258	0.0151	−0.0223	−0.0493	3	3
企业安全导向	−0.0682	−0.0433	−0.0819	−0.1494	−0.2092	2	2
安全培训沟通	−0.0244	0.0159	−0.0011	−0.0292	−0.0424	2	2

为更直观地表达企业安全文化评价指标体系准则层的水平等级，引入级别变量特征值 j^*，判断待评价物元偏向相邻级别的程度。首先需要确定 $\bar{K}_j(S_l)$ 的值，然后再计算出 j^* 的值。若 $j^* > j$，则偏向下一低水平等级；若 $j^* < j$，则偏向上一较高水平等级。此外，$\left| j^* - j \right|$ 越大，偏向程度越强。得到准则层对应的级别变量特征值及其偏向等级，如表 5.4 所示。

表 5.4　准则层对应的级别变量特征值及其偏向等级

准则层	$\bar{K}_1$	$\bar{K}_2$	$\bar{K}_3$	$\bar{K}_4$	$\bar{K}_5$	j^*	偏向等级
员工安全素质	0.5704	0.1944	1.0000	0.4340	0.0000	2.5901	2
安全制度机制	0.8425	1.0221	1.0000	0.2642	0.0000	2.2192	3
安全管理能力	0.0000	0.3033	1.0000	0.3636	−0.0979	2.9136	2
企业安全导向	0.8494	1.0000	0.7670	0.3605	0.0000	2.2145	3
安全培训沟通	0.3085	1.0000	0.7086	0.2271	0.0000	2.3806	3

5. 计算目标层指标值

企业安全文化评价指标体系中准则层分为五个方面，在对 H 企业进行安全文化管理绩效评价时，以目标层和准则层的指标为基础，计算方法与准则层的相

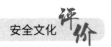

似，目标层的绩效评价结果矩阵 K 是由准则层的各个评价结果组成的，再结合准则层各指标的权重 W，将权重系数矩阵与准则层的综合关联度矩阵相乘，即得到最终的目标层的绩效评价结果矩阵，计算公式为：

$$K_p = W \cdot K$$

$$W_{zzc} = (0.3410, 0.1102, 0.1095, 0.3571, 0.0822)$$

$$K = \begin{bmatrix} -0.0957 & -0.1450 & -0.0395 & -0.1136 & -0.1704 \\ -0.0351 & -0.0261 & -0.0272 & -0.0639 & -0.0770 \\ -0.0436 & -0.0258 & 0.00151 & 0.0223 & -0.0493 \\ -0.0682 & -0.0433 & -0.0819 & -0.1494 & -0.2092 \\ -0.0244 & 0.0159 & 0.0011 & -0.0292 & -0.0424 \end{bmatrix}$$

根据上述公式，确定目标层的绩效评价结果矩阵为：

$$K_p = (0.3410, 0.1102, 0.1095, 0.3571, 0.0822) \cdot$$

$$\begin{bmatrix} -0.0957 & -0.1450 & -0.0395 & -0.1136 & -0.1704 \\ -0.0351 & -0.0261 & -0.0272 & -0.0639 & -0.0770 \\ -0.0436 & -0.0258 & 0.00151 & 0.0223 & -0.0493 \\ -0.0682 & -0.0433 & -0.0819 & -0.1494 & -0.2092 \\ -0.0244 & 0.0159 & 0.0011 & -0.0292 & -0.0424 \end{bmatrix}$$

$$= (-0.0677, -0.0693, -0.0441, -0.1039, -0.1502)$$

目标层的关联度及对应等级情况如表 5.5 所示：

表 5.5　目标层的关联度及对应等级情况

	K_1	K_2	K_3	K_4	K_5	j	等级
目标层	−0.0677	−0.0693	−0.0441	−0.1039	−0.1502	3	3

通过公式（5-27）计算得到目标层对应的级别变量特征值及其偏向等级，如表 5.6 所示：

表 5.6　目标层对应的级别变量特征值及其偏向等级

	$\bar{K}_1$	$\bar{K}_2$	$\bar{K}_3$	$\bar{K}_4$	$\bar{K}_5$	j^*	偏向等级
目标层	0.7782	0.7629	1.0000	0.4361	0.0000	2.3674	2

6. 综合评价结果分析

（1）根据表 5.2 可知，在所建立的 19 个指标层指标中，安全互保指标与评价登记"优秀"关联度最高，说明 H 企业在安全互相监督等方面做得好，促进了安全管理水平的提升；奖励创新、务实可行、隐患治理、设备维护、信息交流和培训投入等指标与评价等级"良好"关联度最高，说明 H 企业在这些方面的安全管理做得好；员工履责、意识稳定、行为合规、制度执行、率先垂范、战略执行、责任明确、采购安全、理念完善和安全培训等指标与评价等级"一般"关联度最高，说明 H 企业在上述方面对提升安全管理水平的投入一般，未起到明显的促进作用；责任考核、管理科学两个指标与评价等级"差"关联度最高，说明 H 企业在这些方面做得不够，还需要结合企业的实际情况，对这些方面进行重点管控。

（2）根据表 5.3 可知，员工安全素质和安全管理能力的评价等级均为"一般"，说明 H 企业在员工素质和安全管理这两方面对于安全文化管理绩效提升效果只起到"一般"的作用。因此，在安全文化建设过程中，H 企业应该加强提升员工素质和安全管理这两个方面的工作，采取有效措施来提升安全管理水平。从级别变量特征值（表 5.4）来看，员工安全素质和安全管理能力的级别变量特征值均小于 3，偏向等级为 2，说明虽然目前处在"一般"状态，但是随着对员工素质和安全管理方面的有效投入，将很快会转向"良好"。但是，安全管理能力的级别变量特征值接近 3，所以在安全管理方面需要较大的投入。安全制度机制、企业安全导向和安全培训沟通的评价等级均为"良好"，从整体上来看，H 企业的安全文化建设较好，H 企业应该维持现有的管理措施，并进一步提升改善。但是，安全制度机制、企业安全导向和安全培训沟通对应的级别变量特征值均大于 2，偏向等级表现为"一般"，说明 H 企业在安全制度机制、企业安全导向和安全培训沟通这三个方面，不仅要维持现有的管理措施，还需要结合实际情况，找出存在的问题和潜在的隐患，对安全文化建设进一步改善，加大管控力度，为安全管理提升带来较好的管理效益，有助于加强安全文化建设。

（3）由表 5.5 可知，H 企业安全文化评价水平等级为 3，即为"一般"。由表 5.6 可知，级别变量特征值为 2.3674，小于评价水平等级 3，表现为偏向于等级 2，即"良

好"，因为 $|j^* - j|$ 的值为 0.6326，这个值较大，所以偏向程度较强，说明尽管 H 企业安全文化水平为"一般"，但是该水平更接近于"良好"。H 企业只要更加重视安全管理，加大安全文化建设力度，安全管理效果定会得到改善。

5.3 评价总结

本章在阐述化工企业安全文化现状的基础上，构建了安全文化评价指标体系，通过基于专家可信度改进的 SPA-IAHP 赋权法对各个指标进行赋权，通过对传统的物元可拓模型进行改造，构建安全文化评价模型；以 H 企业为例进行案例分析，利用改进的物元可拓模型对 H 企业的安全文化进行评价，评价结果表明 H 企业的安全文化水平为"一般"但接近于"良好"，根据评价结果，梳理了 H 企业在安全文化方面存在的问题。通过案例，验证了上述分析法在化工企业安全文化评价中的可行性和适用性，评价结果可直观反映企业安全文化等级与发展趋势，有助于管理者评价安全文化水平，有针对性地采取措施，提高安全管理效率。

第 6 章

安全文化提升路径

  企业安全文化提升最重要的路径就是抓好安全文化建设。通过调查和分析企业安全管理现状发现，安全文化占据着十分重要的位置，抓好安全文化建设可以使安全管理水平不断获得提升。安全文化能够从思想上、理念上对决策者、管理者及员工的态度、意识进行正向引导，同时对员工的安全生产行为加以约束和规范，进而达到增强每个员工安全意识和改善安全行为的目的。抓好安全文化建设，一方面违章现象大大减少甚至消除，另一方面员工的安全自觉性明显提升。具体而言，基于企业安全现状，安全生产问题已成为决定企业发展的关键性问题，并成为企业决策者高度关注和重视的问题。企业决策者应采取一种积极向上的态度对其进行管理，与此同时，员工应不断加强操作安全意识，严格遵守并认真执行规章制度。

  回顾相关研究文献，学者们通常采用结构方程模型，利用问卷调查方式研究安全文化，如王妍等（2020）选取化工企业为研究对象，提出了企业安全文化对员工安全行为的影响关系假设模型，运用 AMOS 21.0 研究影响员工安全行为的安全文化或安全领导行为；梅强等（2017）在研究过程中，将研究对象锁定为高危行业的中小企业，将中介变量设定为安全氛围，然后针对企业安全文化对员工安全行为影响的结构模型进行构建；施波等（2016）深入研究和探讨了企业安全文化认同机理，主要从个体、群体及组织认同三个维度展开；陈伟炯等（2022）结合结构方程模型提出了"MMEM-SEM"安全文化评价方法，并进行了实证分析。也有学者进行定性分析，如 Abraham 等（2024）描述了医院患者安全文化的各个方面，提出了改进安全文化的途径；Hessa 等（2017）提出患者安全文化发展的一致性已成为提供完善和更先进的优质医疗服务的基础；容志等（2022）提出构建校园安全文化体系和智慧校园体系，是我国高校应急管理体系的重点；张捷雷（2019）指出有效的旅游安全文化能够预防和控制旅游安全事故，能够降低旅游安全事故的发生率；吴玉林等（2018）指出构建中国核安全至关重要的一环就是核安全文化建设，后者在很大程度上保障着核与辐射的安全性问题；弓建华等（2019）深入研究和探讨了图书馆人员安全意识提升与安全文化建设相关问题，依据布莱德利曲线模型，结合图书馆工作实践，对不同阶段图书馆安全文化建设的侧重点给予了意见和建议，以杜绝不安全行为，提高安全管理能力；时照等（2022）对当下学界研究安全文化评价工具状况进行了详细综述，并对安全文化定量分析系统作了深入研发和进一步改进。也有部分学者采用系统动力学模型进行分析，如 Liu 等（2015）构建了系统动力学模型，探讨了中国化工行业过程安全文化的动态关系，研究了利益相关者的动态稳定性。

综上，安全文化日益受到学者们的关注，构建结构方程模型或定性分析的方法受到大部分学者青睐。然而安全文化有其自身复杂性，不仅影响因素众多，而且各个因素之间存在着密切的联系。因此，本研究以企业为对象，对企业安全文化的影响因素进行了分析，然后基于系统动力学模型，进一步对企业安全文化机制展开分析和探讨，并提出相关建议。

6.1 系统动力学模型构建

6.1.1 建模目的

有很多因素影响着企业安全文化的最终形成，这些因素有的来自内部，例如安全意识、员工安全需求等；有的来自外部，例如国家安全法规、行业特点等。此外，企业安全文化是一个十分复杂的系统，该系统的核心就是安全理念，无论是安全制度、行为还是环境都是以安全理念为核心形成发展起来的，这些因素彼此影响、互相交叉又融为一体。本研究选择的四个维度具有一定的复杂性，这四个维度分别是安全理念、制度、环境及行为。对影响因素进行研究和分析，同时对其产生的实际控制效果进行进一步观察和探讨，有利于提升企业安全文化水平，降低企业安全事故发生率。

6.1.2 建模原理

经济社会发展水平和安全需求作为外部因素影响安全认识的形成，而企业安全理念水平提升在很大程度上受到安全认识以及行业特征的影响，加强企业安全理念，将有利于提升企业的安全水平，二者具有正相关关系。企业的安全理念水平得到较大提升，必然会增强管理者和员工的安全意识。管理者的安全意识得到强化之后，除了可以促使企业的组织安全承诺提高，进而推动安全环境及制度水平提升之外，还有助于大力释放其安全管理热情，使其做出更为科学和合理的生产决策行为，间接强化员工安全认知，从整体上提升企业安全行为水平。

员工不断增强安全认知，提升安全能力，增加自身安全需要，管理者在生产决策、管理行为上更为正确和合理，这几个方面看似并无关联，实则有着密切联系，存在一种彼此协调又相互影响的关系，对于现场作业行为安全水平的提升大为有利，而且可以大大降低事故发生的概率，更可以让大多数员工的安全理念得到正向改变。管理者的安全意识也在很大程度上受到企业安全制度及环境水平的影响。同时，有效提升企业管理者管理行为安全科学化水平及员工现场作业行为安全水平存在一个大前提，那就是必须建立一套合理有效的安全制度。某种程度上，管理者生产决策管理的合理化程度和员工现场作业行为安全水平的高低在很大程度上影响着整个企业的安全行为水平，它们彼此关联、互有影响，形成了一个闭环。另外，物质产品及技术的安全可靠性直接受到企业经营发展水平的影响，后者在提高安全物质水平上起着决定性作用。

6.1.3　重要反馈回路

在明确建模目的和建模原理的基础上，构建反馈回路。

流经安全理念水平的反馈回路有 18 条，有以下四条主线，如图 6.1 所示。

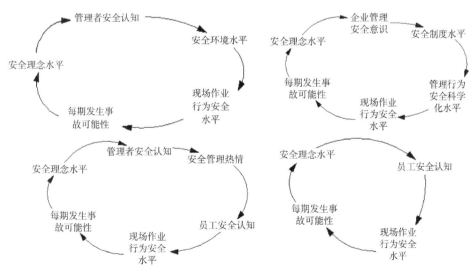

图 6.1　流经安全理念水平的反馈回路图

流经安全环境水平的路径有 6 条，有以下两条主线，如图 6.2 所示。

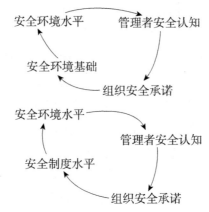

图 6.2 流经安全环境水平的反馈回路图

流经安全制度水平的反馈回路有 6 条，有以下两条主线，如图 6.3 所示。

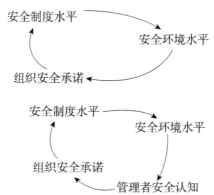

图 6.3 流经安全制度水平的反馈回路图

流经安全行为水平的反馈回路主要有 2 条，如图 6.4 所示。

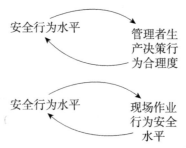

图 6.4 流经安全行为水平的反馈回路图

6.1.4　系统动力学模型

企业安全文化的系统动力学模型的因果关系图和系统流图如图 6.5 和图 6.6 所示。

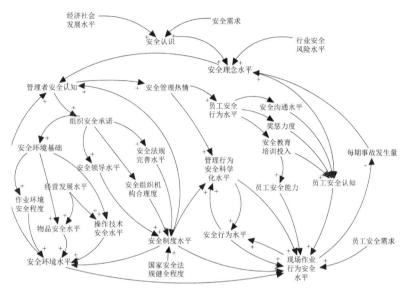

图 6.5　因果关系图

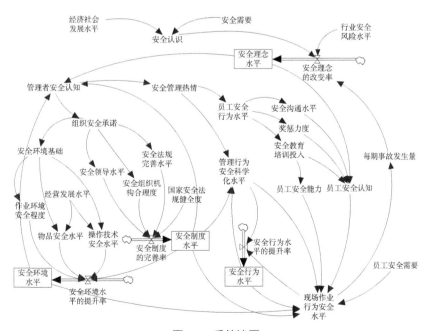

图 6.6　系统流图

企业安全文化的系统动力学模型包括 4 个状态变量、19 个辅助变量、4 个决策变量、7 个外生变量。各类变量的构成情况如表 6.1 所示。

表 6.1　变量类型和主要变量

变量类型	主要变量
状态变量	安全理念水平、安全环境水平、安全制度水平、安全行为水平
辅助变量	管理者安全认识、组织安全承诺、安全物质基础、作业环境安全程度、物品安全水平、操作技术安全水平、安全领导水平、安全组织机构合理度、安全法规完善水平、安全管理热情、管理行为安全科学化水平、员工安全行为水平、安全教育培训投入、奖惩力度、安全沟通水平、员工安全能力、员工安全认知、现场作业行为安全水平、每期事故发生量
决策变量	安全理念的改变率、安全制度的完善率、安全环境水平的提升率、安全行为水平的提升率
外生变量	经济社会发展水平、经营发展水平、安全需求、安全认识、行业安全风险水平、员工安全需要、国家安全法规健全度

6.2　方程构建

6.2.1　安全理念文化层面

1. 安全理念水平

安全管理因素直接或间接地影响着安全理念。将安全理念的改变率理解为安全理念每期增长量，但经济社会发展层次及行业安全风险水平，人们对安全的需求和认识等变量的变化要很长时间才会明显体现。此外，每期事故发生量也在一定程度上影响着安全理念。具体来说，每期事故发生量越多，越会强化人们的安全理念，提升安全理念水平，然而这种提升有一定限度，当到达某个临界值，安全理念水平反而会下降。如果安全事故在某段时期内几乎不发生，受自身天然惰性的影响，认为企业十分安全，不会出现安全问题的侥幸心理就会普遍在企业管理者和员工当中滋生，使得整个企业安全理念水平逐步降低，会出现安全理念水平变为负的现象。所以，安全理念的改变率 = 每期事故发生量 + 常数 × 行业安全风险水平 + 常数 × 安全认识 – 常数。

2. 管理者及员工安全认知

管理者及员工的安全认知均会直接或间接受到安全理念水平的影响，而且后者作用于前两者的力度存在着差异。企业管理者安全责任明显高于一般员工，在安全理念上也明显更强。企业的安全理念主要通过整合管理者和员工的安全理念而来，假设以 1 来代表企业安全理念水平影响管理者及员工安全认知的总和，管理者安全认知 =0.6× 安全理念水平，员工安全认知 =0.4× 安全理念水平。

3. 组织安全承诺及安全管理热情

企业安全文化水平的提升需全面提升管理者安全认知，可以从以下两方面着手：一方面是提高组织安全承诺，另一方面是激发安全管理热情。管理者提升安全文化水平的路径选择方式极大地影响着企业安全文化水平和构建方式。管理者关于安全文化水平提升路径选择等相关问题应在模型中有所涉及。为了使分析更为便捷，在管理者选择安全文化水平提升路径的倾向度方面用了两个系数进行表示，则有：

组织安全承诺 = 管理者安全认知 × 系数 1

安全管理热情 = 管理者安全认知 × 系数 2

4. 安全教育培训投入、奖惩力度、安全沟通水平

管理者提高安全管理热情，会增强员工安全行为水平，具体实现路径如下：一是加大安全教育培训投入；二是加大奖惩力度；三是进一步完善沟通系统。提升安全管理热情会在很大程度上促进管理者生产决策管理的合理程度的提升，而且安全事故发生率在管理者安全生产决策管理行为的正向督促下会大大降低。本文假设管理行为安全科学化水平方面投入的安全管理热情达到了 60%，现场作业行为安全水平方面投入的安全管理热情达到了 40%。

6.2.2　安全环境文化层面

1. 安全环境水平

将安全环境水平的提升率理解为其每期变化量。它是作业环境及安全制度、

安全文化评价

物品及操作技术等诸多变量共同作用的结果。安全环境水平的提升率受到作业环境以及操作工具的影响，所以，安全环境水平的提升率 =exp[–(安全制度水平 + 物品安全水平 + 操作技术安全水平 + 作业环境安全程度)]– 常数。

2. 作业环境安全程度

管理者为了夯实安全物质基础，会在组织安全承诺提升的基础上，最大化提升作业环境、物品及技术安全度。为了表达企业管理者增强安全物质基础的路径，采用了 3 个系数，即提升作业环境、物品及技术安全度，并假设 1 为系数总和。当路径选择倾向其中之一时，那么控制系数提高，另外两种路径的控制系数必然会减小。

6.2.3　安全领导层面

1. 安全生产责任制

安全生产责任制是企业岗位责任制的一个组成部分，也是企业安全生产、劳动保护管理制度的核心。它是根据我国的安全生产方针"安全第一，预防为主，综合治理"和安全生产法规建立的各级领导、职能部门、工程技术人员、岗位操作人员在劳动生产过程中对安全生产层层负责的制度。安全生产责任制明确了各岗位的责任人员、责任范围和考核标准等内容，确保安全生产工作得到全面有效的落实。

2. 安全操作规程

安全操作规程是生产工人操作设备、处置物料、进行生产作业时必须遵守的安全规则。它对防止生产操作中的不安全行为有重要作用，是保障工人人身安全和企业生产顺利进行的重要措施。安全操作规程的制定和执行，有助于规范工人的操作行为，减少因操作不当引发的事故隐患。

3. 基本的安全管理制度

基本的安全管理制度是企业为保障国家安全生产方针和安全生产法规得到认真贯彻而建立的一系列行为准则。这些制度涉及安全生产的方方面面，如安全管理机构及其人员配置、安全投入、从业人员安全资质、安全条件论证和安全评价、安全技术装备管理、生产经营场所安全管理等。通过建立和执行基本的安全管理制度，企业可以构建完善的安全生产管理体系，提高安全生产水平。

6.2.4 安全行为文化层面

1. 安全行为水平

以安全行为水平每期变化量来表示安全行为水平的提升率。其中，现场作业行为安全水平及管理行为安全科学化水平等诸多变量，共同影响着安全行为水平的提升率，其大小取决于现场作业行为安全水平及管理行为安全科学化水平的总和，总和越大，其值越小。此外，安全制度的完善率会随着管理者及员工的懈怠和侥幸心理的增强而降低。因此，安全行为水平的提升率 = exp[-(管理行为安全科学化水平 + 现场作业行为安全水平)]- 常数。

2. 管理行为安全科学化水平

除了安全制度水平、安全环境水平之外，安全管理热情也在很大程度上影响着管理行为安全科学化水平。由于管理者不同，其知识结构和工作热忱度等各方面都会有所差异。在这些因素的综合影响之下，管理者无论是进行生产决策，还是实施管理行为，要达到理想中的状态都会存在一定难度。所以，管理行为安全科学化水平=常数 × 安全制度水平+常数 × 安全环境水平+常数 × 安全管理热情。

3. 每期事故发生量

事故的发生并非全由管理者或员工的不安全行为所致。所以，为了体现对现场安全作业行为的重视，假设不安全作业行为越严重，每期事故发生量越大，两者呈一种正比例关系，那么就可以借助比例系数来反映事故发生量大小，即每期事故发生量 = 系数 × (1- 现场作业行为安全水平)。

6.3 仿真模型系统

6.3.1 安全文化整体模拟研究

对安全文化形成趋势进行模拟时需重点关注一个重要变量指标，那就是现场作业行为安全水平，其数值范围为 0~1，而对现场作业行为安全水平模拟效果的合理程度进行分析是第一步。如图 6.7 所示，随着时间不断增加，现场作业行为合理程度随之增大，然而从增大趋势来看，呈逐渐减缓状态，这与实际情况保持

了一致,对重要变量进行模拟,其最终效果与事实相近,说明常识性错误在本模型中并不存在。

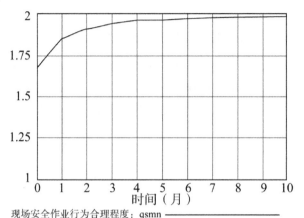

现场安全作业行为合理程度:qsmn ——————————

图 6.7　现场安全作业行为合理程度

分析图 6.8 得出的结论是,企业安全文化水平在其持续推进改进的情况下会逐步得到提升,在某个时期内与时间的推移呈正相关关系,但该提升率并不会随着时间延长而增大,而是会逐步减小。究其原因主要有以下几个方面:第一,要改变人们的理念存在着相当难度;第二,无论是使用新技术的难度,还是更新新设备的难度都越来越大;第三,具有参考价值和借鉴意义的新管理经验越来越少;第四,要继续合理提升人的安全行为存在更大的困难。因此,在理论上可以持续提高安全文化水平,但提高的困难度呈逐步上升趋势。

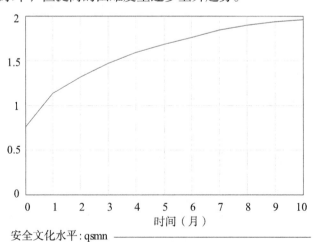

安全文化水平:qsmn ——————————

图 6.8　安全文化水平

　　分析图 6.9 可知，提升安全环境水平相对简单，而安全制度及行为水平的同期提升难度相差不大；提升难度系数最大的当属安全理念水平，仅有 0.2 左右的同期提升幅度。

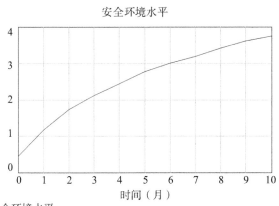

安全环境水平：qsmn ————————————————————————

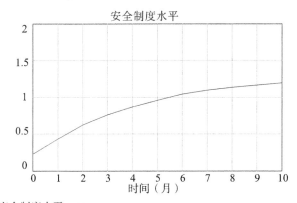

安全制度水平：qsmn ————————————————————————

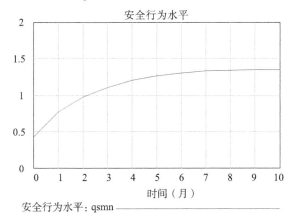

安全行为水平：qsmn ————————————————————————

图 6.9　不同维度安全文化模拟

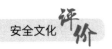

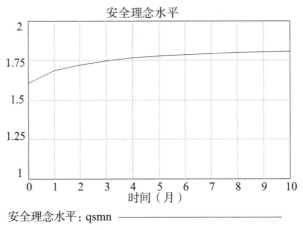

安全理念水平：qsmn ——————————————

图6.9　不同维度安全文化模拟（续）

　　对以上情况出现的原因进行分析后发现，安全科学技术日新月异，安全物质产品层出不穷，安全物质技术更新迭代加快，越来越多的新安全技术及方法形成和产生并对作业环境进行改善，只要企业资金充足，快速、高效地大幅提升物品、操作技术及作业环境安全度就不需要很长时间，因此要提升安全物质水平相对来说难度最低。

　　参考和借鉴管理经验的情况极大地决定了安全制度水平的提升程度。当前，可以参考和借鉴的安全管理制度优秀案例越来越多，一般性企业应善于借鉴，充分利用好"拿来主义"，可以在很短的时间里让借鉴而来的优秀安全管理制度在本企业生根发芽并发挥作用，从而大大提升自身安全制度水平，但是不能走形式化道路，生搬硬套先进的安全管理经验和制度，而应将其进行企业的"本土"转化及内化，使之成为企业安全文化的一部分，这需要企业全体员工不断提升自身职业素养和工作积极性，而不仅仅是借鉴良好经验。但是就现实社会现状来看，先进经验要内化为企业文化并非易事，存在巨大困难，这也是大多数企业不缺好的经验、不缺好的制度，却难以提升安全制度水平的关键原因所在。

　　企业要提升自身安全制度水平最有效的途径之一就是向其他优秀企业学习。对优秀企业的先进安全管理经验和制度的吸收和借鉴，可以促使本企业安全制度水平获得较大提升，管理者和员工的不安全行为也会在安全制度的约束下得以规避或减少，从而不断提高企业安全行为合理度。然而存在的问题是：第一，提升安全制度水平的难度随着时间的推移与日俱增；第二，由于管理者及员工的安全行为是人的主观意识和客观因素共同作用的结果，同时主观意识在很大程度上取决于个人的安全认识、心理及对安全的需要程度，而客观因素则相对复杂，因此相对安全制度水平，安全行为水平的提升难度更大、难度系数更高。

无论是价值观的形成，还是安全理念及思维方式的形成都是时间沉淀的结果，是一个长期的过程，而安全理念作为一个变量，它的改变也不是一朝一夕，短期可以完成，除非有重大的对人的行为有巨大影响的事件发生，否则很难快速提升安全理念水平。

综上分析可得，安全文化水平的提升没有终点和限制，但是其提升难度系数却会逐步上升。在构成安全文化的四大要素之中，提升难度系数较高的当属安全理念及行为水平，应作为安全文化建设的两个重要环节和内容来抓。

6.3.2　改变理念文化作用程度的安全文化形成路径仿真

安全文化的诸多层次当中，最为核心的一个层次就是安全理念文化，其他层次文化都受其支配和主导，但同时也受到安全制度、行为及环境文化等其他层次文化的推动和促进。在本模型中，安全理念文化之所以能对其他层次文化起到支配和主导作用，是因为它能影响管理者及员工的安全认知。为了更好地考察和研究安全文化及其构成要素的变化过程，对管理者及员工的安全认知受安全理念文化影响的系数进行了调整。

在图 6.10 和图 6.11 中，对管理者安全认知受安全理念文化影响的系数进行调整之前和之后各变量的变化情况分别用实、虚线表示。通过分析可得，将该影响系数的数值调高之后，在前期阶段，安全文化、理念、制度及环境水平均呈上升态势，而提升最快的当属安全制度水平，不难看出，管理者安全认识受到安全理念的影响越大，管理者越是会强化安全认识，组织安全承诺也会在企业管理者的作用下获得大幅提升，进而大大提高企业安全制度水平。

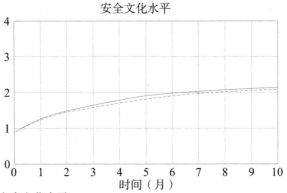

安全文化水平：zsex ——————————
安全文化水平：qsmn ------------

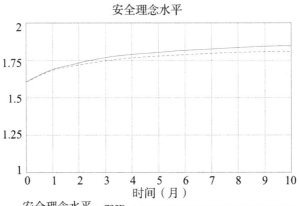

安全理念水平：zsex ——————————
安全理念水平：qsmn ------------

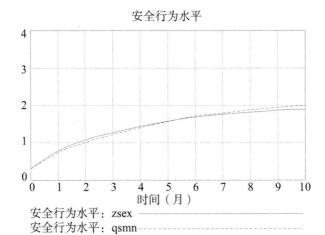

安全行为水平：zsex ——————————
安全行为水平：qsmn ------------

图 6.10　改变安全理念文化作用程度对整体安全文化模拟

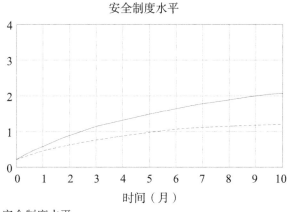

安全制度水平
安全制度水平：zsex ——————————
安全制度水平：qsmn ----------------

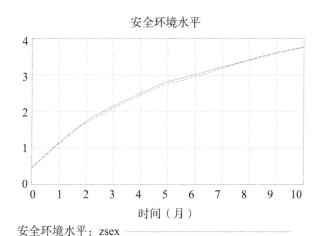

安全环境水平
安全环境水平：zsex ——————————
安全环境水平：qsmn ----------------

图 6.11　改变安全理念文化作用程度对不同维度安全文化模拟

6.3.3　改变管理者安全意识相关变量的安全文化形成路径仿真

管理者是企业构建安全文化的重要主体，也是企业安全文化的主导力量。图 6.12 和图 6.13 所示是对管理者安全意识相关变量进行调整前后安全文化及其构成要素的变化情况。

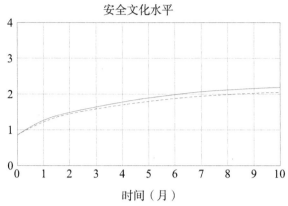

安全文化水平

安全文化水平：zcgc ————————
安全文化水平：qsmn -------------------

图6.12　改变管理者安全意识对整体安全文化模拟

　　分析图6.12和图6.13可得出，安全文化、制度及环境水平在企业的组织
安全承诺及安全管理热情均增加之后也会随之上升，其中安全制度水平的上升
态势最为明显。其原因在于提升安全制度及物态水平难度更低且途径多样，例
如借鉴并引进先进管理经验，更换老化设备代之引进全新设备，进而达到改良
作业环境的目的等。然而安全理念及行为水平很难在短期得到提升，且提升后
者的时间相对较长，配备一套可落地执行的长效机制对于企业而言十分必要。
根据以上分析结果可得出，在企业安全文化形成和向前发展的进程中，安全理
念水平在很大程度上影响着管理者安全认知，因此应最大化提升安全理念水平，
才能在前期更大化提升安全文化、理念、制度及环境水平。其中，短期内要提
升安全制度、环境水平可以通过提升企业组织安全承诺及安全管理热情来实现。
所以，使安全理念水平对管理者安全认知的影响力度加大，大幅提升管理积极
性并保障企业组织安全承诺，可以在短期内提升企业的安全制度及环境水平。
另外，为了进一步推动企业安全文化建设，应将一套可落地执行的长效机制建
立起来，这是建设企业安全文化过程中首先应考虑的一个举措。模拟仿真结果
得出的结论是，企业安全文化形成特征要获得很好模拟需要将系统动力学模型
成功构建起来，它对企业安全文化形成系统中各变量间相互作用关系的分析和
研究大为有利，也是一个极好的工具，对企业安全文化建设措施的分析和制定
大有帮助。

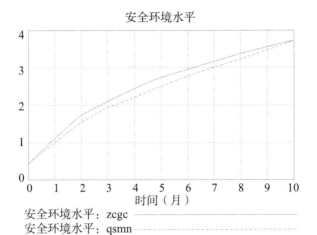

安全环境水平：zcgc
安全环境水平：qsmn

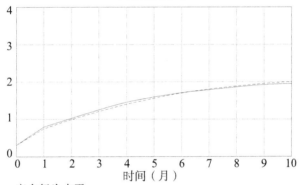

安全行为水平：zcgc
安全行为水平：qsmn

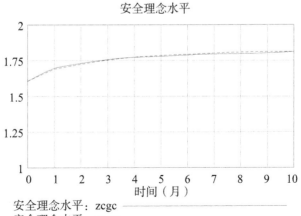

安全理念水平：zcgc
安全理念水平：qsmn

图 6.13　改变管理者安全意识对不同维度安全文化模拟

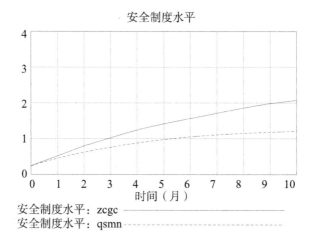

安全制度水平: zcgc ————
安全制度水平: qsmn --------

图 6.13　改变管理者安全意识对不同维度安全文化模拟（续）

根据模拟仿真结果得出的结论是，企业安全文化形成特征要获得很好模拟需要将系统动力学模型成功构建起来，这对于企业安全文化形成系统中各变量间相互作用关系的分析和研究大为有利，该模型也是一个极好的工具，对企业安全文化建设措施的分析和制定大有帮助。

本节在明确企业安全文化影响机理的基础上，利用系统动力学模型对企业安全文化机制进行了仿真模拟，得到了一些结论。

第一，首先分析和明确了系统中一些较为关键的问题，诸如反馈回路、重要变量关系等，然后对形成企业安全文化整个过程的系统动力学模型流图进行了绘制，并在此基础上模拟、分析了安全文化整体趋势，使安全理念文化作用程度、管理者安全意识相关变量发生改变，最后实现企业安全文化形成的最佳路径。

第二，提升安全文化水平并没有上限，也没有止境，但提升的难度与安全文化水平的增长呈正相关关系。提升安全环境水平在同期构成安全文化的四大要素中难度最低，提升相对较难的要素为安全制度及行为水平，提升最困难的要素是安全理念水平。在早期阶段，要提升安全文化、理念、制度及环境水平需要将管理者安全意识受安全理念水平影响的系数进行调高处理；在保障企业组织安全承诺，同时大幅提升安全管理热情的情况下，安全文化、制度及环境水平的提升所需的时间更短。

第三，给出了企业安全文化建设的路径，同时为了短时间内提升企业安全文化水平，将一套可以落地实施的长效机制构建出来，为构建企业安全文化体系做好了铺垫。

第 7 章

安全文化提升的对策建议

7.1 安全理念文化层面

7.1.1 安全理念条目建设

安全理念条目建设是企业安全文化建设的重中之重。若企业仅侧重于建设形式主义内容，在安全文化建设中不关注深层次价值和思想的培养，此时可以说安全文化丧失了其该有的意义，无法发挥助力企业安全绩效提升的功效，原因在于安全文化建设的核心是安全理念，这更是引导企业安全生产的中心思想，对企业安全局势及内部成员的安全思想有着决定性影响，员工做出何种安全行为也会受其影响。安全文化诞生后的 30 多个年头里，各国学术界均在积极探究安全文化元素，而直到当下，对此各国还未形成一致意见。但相同之处在于各国企业界均在努力寻求一套清晰的、可以促使自身安全绩效得以提升的安全理念条目。

安全理念条目涉及的内容有哪些？数量控制在多少是合适的？安全理念条目建设时必须要对这些问题进行考虑。笔者针对安全理念对世界各国具有代表性的研究成果和杜邦等知名企业所遵从的安全理念进行了调查了解，将其细分成三大类别：第一类是对安全最基础的认识，通常反映在一些企业安全警示语中，如"安全保障在先，然后才是生产"等；第二类是大体认识企业的安全管理，如"安全目标的达成有赖于所有组织人员的共同配合"等；第三类是大体认识企业现实做出的安全管理行为，如"必须要调查所有事故的诱因"等。而对于设置多少安全理念条目是合适的并不存在统一的标准，如果数量过多那么对于员工记忆不利，相反若过少，则难以将企业倡导的安全思想充分准确地反映出来。不过各国均认

同的观点是安全理念条目数量要以便于组织人员的理解和记忆、切实反映企业安全理念的原则为依据确定。

所以，企业在建设安全理念条目时需对安全理念的关联性、系统性和充分性多加考量，构建符合这三项要求的完善的安全理念体系。其中的关联性对应的是安全理念和组织安全方面的关键事项有无关系；系统性对应的是安全理念是不是可以形成统一、完整的一套体系，可以被理解且容易被记忆；而充分性指的是安全理念精准与否、完整与否，可不可以将组织安全管理工作的全部指导思想完整地反映出来。

综合安全理念涉及的要素与建设原则，本研究认为可以参考研究团队基于对现实企业开展的安全管理活动的调查所设置总结的安全理念条目（32 条）（见表7.1），这些条目可以对安全实践进行科学指导，帮助组织提升其安全绩效水平，是值得信赖的，而且涵盖了关键的安全理念条目，基本能够满足日常所需。不过，这并非就是说安全理念条目只有这 32 条，达到一定水平的企业也无须桎梏于这些已有的安全理念条目，可以对安全理念条目进行深层次的探究和完善，以推动安全理念条目走向更加科学、有效、成熟的发展之路。

表 7.1　安全理念条目及常见的安全理念

序　号	安全理念条目	常见的安全理念
1	安全关键性水平	"杜绝一切失去安全保障的生产""安全胜过所有""生命保护线就是安全，生命胜过所有"
2	事故可预防程度	"所有事故都可以提前规避""没有人员死亡并不代表绝对安全""不存在任何隐患、违章与轻伤"
3	安全创造经济效益	"安全造就经济效益""安全是组织效益的最大功臣""安全是节约的重要实现方向，事故是造成浪费的最大推手"
4	安全融入管理	"安全是每一项工作的起点"
5	安全取决于安全意识	"安全有赖于每时每刻的防范，事故源于一时麻痹大意"

序　号	安全理念条目	常见的安全理念
6	安全生产主体责任	"每个人均有安全责任"
7	安全投入的认识	"隐患未被根除，安全投入仍需继续"
8	安全章程功效	"严格遵从安全章程行事"
9	安全价值观构建水平	"安全有关理念与价值取向合二为一"
10	管理层的负责程度	"管理层要以身作则保证各方面的安全"
11	安全部门影响力的认识	"安全管理中，安全部门彰显着引导、监督功效"
12	员工参与安全的程度	"安全保障是所有人的任务""组织各级人员均是安全员""生产安全得益于全员努力"
13	安全培训需求水平	"培养素质，训练技能""秉持人本思想之上，巩固根基"
14	直线部门负责安全	"工作管理的前提是安全管理""生产管理的前提是安全管理"
15	社区安全的影响	"企业安全关键构成内容之一是社区安全"
16	安全管理体系的作用	"严格具体化管理，严格执行乃关键点"
17	安全会议需求程度	"安全会议无规模区分，重要的是主题"
18	安全制度形成方式	"通过文字反映机制，所有事情的落实有根据"
19	安全制度执行一致性	"公平的安全章程"
20	事故调查的类型	"仔细查找事故原因"

续表

序 号	安全理念条目	常见的安全理念
21	安全检查的类型	"规避细小疏忽，确保绝对安全""大事均源自小事，管好小事没大事"
22	受伤职工的关爱	"爱惜生命，互相尊重"
23	业余安全管理	"岗位工作以外的日常活动同样需要保证安全"
24	安全业绩的对待	"升职考核的必要条件是安全业绩"
25	设施满意度	"设备合格，系统无风险"
26	安全业绩的掌握程度	"有了解，有根据，才能够提升安全绩效"
27	安全业绩与人力资源的关系	"任用前提是安全"
28	子公司与合同单位安全管理	"关联组织的安全也要得到关注"
29	业余安全组织的作用	"业余安全组织同样有保障安全的作用"
30	安全部门的工作	"履行安全保障职责，主动报告安全状况，做好协调"
31	总体安全期望值	"安全整改无休无止"
32	应急能力	"安全生产中应急处置是最后防线"

实际运营过程中，从创建时间较短或不具备较多安全管理实践经验的组织视角看来，若引入了上述32条安全理念条目，那么可以认为其拥有了较为完整的安全理念体系。所以企业在进行自身安全理念条目建设时可以将该成形的思想作为依据，并根据自身的实际情况来进行具体化处理，以便相关人员更好地理解和实践。而在安全管理方面有着丰富实践经验的企业已经通过长时间的安全管理，慢慢培养了很多对自身安全管理和实践操作有积极影响的潜在的安全指导思想，企业长期以来秉持的安全价值取向能够通过这些安全指导思想体现出来，根植于各

级人员的头脑里，急需深入探索并编制成具体文件。企业有必要组织开展征集安全理念的有关活动，调动所有组织成员共同参与，上至管理人员下至基层工作者，尽力凸显这些人的主观能动性，立足企业安全生产实际情况，加之累积的安全经验，整合集体智慧，将长久以来企业潜在的、当前在安全生产中所运用的安全理念条目进行反复提炼和完善。基于此前提，针对本企业总结得到的安全理念条目，联系研究团队总结的 32 条安全理念条目，或各国探索发现的先进安全理念进行调整优化，保证理念条目是清晰的、合理的，最终确定本企业所采用的安全理念条目。

7.1.2 安全理念载体建设

所有文化的呈现与传播均要有相关载体的支持，安全文化同样如此。

安全文化或者说安全理念的载体是指通过多样化物质或精神形式承载安全理念的介质和传播工具，各种载体是可以广泛宣传安全理念的重要途径。安全理念载体建设借助各种媒介和显性模式反映安全理念内在主张，让企业成员能够主动接受并贯穿于自己的工作和生活中，对提倡的安全理念有深刻的认识和记忆，最终将这种认知转化为安全实践，在安全上促使思想和实践的有机结合。安全理念拥有多样化的载体形式，如安全文化说明书、安全主题分析会等。不管安全理念对应何种形式的载体，均要做到的是可以将安全理念及其内在含义生动、准确地反映出来，彰显对事故规避的安全维护功效，否则相关载体不具备实际作用。企业需对安全载体形式进行持续性的探讨拓展，建设形成类型各异的多样化安全理念载体，对各种载体进行综合使用以最大限度地冲击内部成员的视觉与听觉，在他们的头脑中、心中植入企业安全理念思想，让他们身体力行地对安全理念体系予以实践。

1. 安全理念活动载体

安全理念活动载体就是对安全理念进行宣传和推广的形式不同的多样化活动，如安全文化优秀实践者评选活动、安全文化宣传演出、安全文化月等。根据形式可以将安全理念活动载体分为不同类型，具体包括竞赛活动载体、娱乐活动载体、表彰活动载体和宣传活动载体的活动载体。安全理念活动载体可以借助寓教于乐的形式向企业内部人员全面传达安全理念，提升他们的安全参与动力，这

对企业安全理念建设目标的顺利达成较为有利。

（1）竞赛活动载体。安全理念竞赛活动载体是通过竞赛或比赛途径来提高企业员工的安全理念认识程度。此类载体主要包括安全理念的知识竞赛和辩论赛、安全理念文章征集活动等。从开展安全文化建设的组织视角来看，此类活动的高频开展对广泛宣传组织安全思想和行业知识有利。

（2）娱乐活动载体。该形式的载体主要有安全主题晚会、安全文化建设会演等。这些活动载体一般对应着多样化的表现形式，具体有短剧、相声、舞蹈等。这些活动载体可以直观形象地表达安全有关的知识和理念，趣味性十足，不仅能够吸引员工的注意力，而且还能防止他们乏味感知的形成，不过人力和资金等资源的投入较大。本研究认为企业需要定期和不定期地举办相关活动。

（3）表彰活动载体。此类载体对应的是有关安全文化的多样化表彰活动，具体涉及安全文化评优以及安全表彰会等活动。该形式的载体可以借助公开表彰形式对员工形成正向激励，提升他们主动进行安全有关知识和理念的学习热情，对他们的安全行为具有强化性影响，可以调动员工参与到本单位安全管理的热情。

（4）宣传活动载体。安全文化周等活动是这种载体的重要反映形式。这种活动载体一般以集体参与形式实现，具体是借助某种活动从视觉或听觉上对企业员工形成冲击，进而向他们传达安全理念，以强化他们的安全生产信念和坚定意识。

2. 安全理念媒介载体

该载体对应的是可以通过视频影像、文字、声音等多样化形式进行安全理念传播的手段或载体。涉及的具体途径有和安全文化或安全理念存在联系的书籍、报纸杂志、互联网平台、微信公众号、广播等。不管是传统媒介，如报纸杂志、纸质书籍等，抑或是新型媒介，如微信公众号、微博等，都具有速度快、扩散面广等优势。

（1）安全文化手册。这是使用频率较高的一种传播安全文化的方式。但现实中，多数企业仅仅将安全文化手册作为向外来客人提供的纪念品，没有发放给内部人员以供他们学习，这些手册变成了摆设，没有将安全理念推广功能切实发挥出来。而且，多数企业推出的安全文化手册都有杂乱的现象，没有突出中心思想。

企业在进行安全文化手册建设时需借助实际发生的事故案例，将企业安全方面的思想和目标生动地表现出来，并保证所有员工人手一本，因为安全理念真正的接受者和落实者是企业员工。

（2）报刊。报刊是安全理念媒介载体中最早出现的，属于传统媒介形式。中国大部分企业均设置了内刊，而以安全文化或安全理念为主题的刊物较为匮乏，具备条件的企业在建设自己的安全文化时，可以将安全理念作为主题创建独立的报刊，或在已有的报刊中留出专门的模块用于宣传安全文化有关知识和建设经验。

（3）安全广播。如今中国大部分企业均开通了广播站，在生产经营过程中可用于对关于安全的决策机制和事故事件等的宣传。本途径不被空间所制约，而且辐射面较广，在文凭上也无须员工达到较高要求，故而具有广泛的受众。本研究认为企业可以将安全广播作为安全理念的主要载体，同时以别的能够造成视觉冲击的载体为辅助，实现协同效应。

（4）视频库。多媒体的崛起和迅猛发展衍生出了新型安全理念媒介载体，即视频库。这些视频库借助现实发生的事故案件来分析导火索，发现安全文化中存在的问题，使员工对安全思想内涵和意义有深刻认识。

（5）安全短信平台。企业能够借助该平台向内部各层级人员以短信方式发送理解起来较容易、有着深刻内涵的安全理念或安全知识，进而简化将安全理念转化为员工内在安全意识的过程。不过，多数短信是文本形式的，没有图片加持，故而不够生动形象，也不具备直观性。

（6）安全文化微信平台。在微信普及的情况下，一些企业顺势而为创建了安全文化微信平台。安全微信平台能够综合运用多种形式向内部成员传达企业的安全理念及其内涵，包括影像、文字、图片等。对比安全短信平台，安全微信平台能够更为直观、形象地宣传安全理念，更适合用作企业的安全理念媒介载体来强化安全文化建设。

3. 安全理念物态环境载体

该载体指的是各式各样对安全理念及其内涵进行表达和渲染的人工创建的物态环境，具体涉及安全文化培训场所、充满安全文化要素的室内和室外走廊、安全文化音乐喷泉等。

（1）安全文化主题公园。中国多个城市均建有主题是安全文化的公园。此类公园主要是借助图文展示、园林景观设计等形式向大众传达安全思想和相关法规

机制以对安全文化宣传范围进行拓展，不过建设这种公园需要花费大量的资金和人力。本研究认为有实力的企业有必要结合其拥有的场地在员工生活区创设安全文化主题公园。

（2）安全文化长廊。这种载体是以展板形式对有关安全理念的内容进行展示，并放置于企业内部或外部两侧的墙面上。该载体被广泛运用在危险系数较高的一些行业企业中，如电力、煤炭等行业，深受员工的认可，并被他们认为是一道"风景线"。从安全文化建设企业视角来看，选择建设安全文化长廊的地点时需根据自身的现实条件确定，尽可能保证员工可以经常看到，如上下班途中等，表现形式需尽可能联系现实发生的事故，配合直观可见的图画，让安全文化长廊变成对安全理念进行传播的平台和在娱乐中彰显教育功能的重要阵地。

（3）安全文化教育基地。安全文化教育基地是加强公众安全宣传教育、提升全民应急安全素质的重要载体。近年来，各大企业积极推进安全文化教育基地建设，充分利用各类场馆等让公众安全教育"动起来"，通过多种形式把企业崇尚的安全理念集中反映出来，包括图片、文字、实景模拟等形式。综合运用多样化安全理念载体模式进行此类教育基地的构建，让其切实发挥扩散组织安全思想的作用。还可以构建各类安全体验馆、安全生产体感培训室，引导员工在体验中学习掌握基本的安全知识和应急处置技能，做到"学安全、懂安全"。

4. 安全理念悬挂、张贴载体

从表面字意来理解该载体，即针对安全理念及其内涵借助悬挂或粘贴形式进行传播的载体，具体涉及安全理念展示板、安全海报等。部分企业制作了一些悬挂的安全理念展示板和条幅。这种载体需要较少的建设花费，备受各种组织的青睐，更是最常被使用的一种企业安全文化建设载体。

5. 安全理念日常用品载体

该载体是和每一个员工的日常活动具有密切关系的安全理念载体，具体涉及以安全文化衫等为代表的生活用品载体和以纸笔为代表的办公用品载体。这些载体和员工平常的生活和工作距离更近，可以让他们在潜移默化间感受安全理念，便于他们更好地理解和记忆安全理念，进而让他们在安全方面始终保有较高的意识和警觉。本研究认为此类载体是不错的选择，企业要逐步建设自己的安全理念日常用品载体。

7.2　安全制度文化层面

7.2.1　建立企业安全文化管理专属机构

企业应加强自身的安全文化管理，落实安全文化管理责任，明确具体的管理措施，成立安全文化管理组织机构。企业安全文化管理组织机构专门负责企业安全文化管理相关工作，根据实际管理的需要配备专职或者兼职的安全文化管理工作人员，健全岗位责任体系，明确各个岗位员工的工作职责。企业应结合当前管理情况，成立企业安全文化管理委员会作为安全文化管理专属机构。企业安全文化管控网络示例如图 7.1 所示。

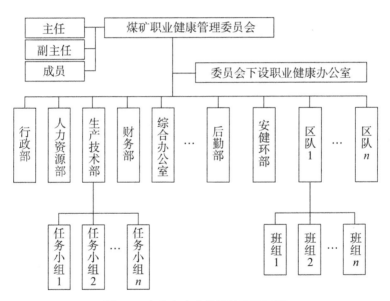

图 7.1　企业安全文化管控网络示例

企业安全文化管理委员会由主任、副主任、成员组成。企业安全文化管理委员会下设的办公室是企业的安全文化管理部门，由安全文化总监、专职安全文化管理人员组成。每个职能部门相当于企业安全文化管理委员会的二级分会。各班组或任务小组为企业安全文化管理委员会的三级分会。在安全文化管理过程中，各级管理组织和成员都有明确的岗位划分和职责划分。

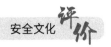

7.2.2 明确安全文化目标，保障安全文化防护措施落地实施

企业要根据相关规定，结合自身的实际情况，制定安全文化计划以及具体的实施方案。安全文化计划中要明确指导思想、安全文化领导机构、安全文化工作目标、具体的工作计划安排以及具体的防治措施，还要明确考核指标以及考核评价方法等内容。

企业要不断完善安全文化管理，保障安全文化实施方案的落地实施。企业要建立健全企业安全文化管理专属机构，健全安全文化制度，依法为员工缴纳工伤社会保险，做好安全文化评价工作，做好粉尘、有毒有害气体、噪声等安全文化危害因素的防治工作，保障作业环境健康合规。企业要创新安全文化应急救援管理，优化安全文化辅助用室管理，做好安全文化防护设备设施管理工作，规范安全文化危害警示标识管理，加强劳动防护用品的购置和发放管理，优化安全文化教育培训体系，做好企业员工的安全文化教育培训管理工作。此外，企业要做到安全文化资金投入科学、合理，使用科学，做到专款专用且足额到位。安全文化防治计划合理、防治措施科学有效且正常实施，有助于企业安全文化管理水平的提高。

7.2.3 做好安全文化防护设备设施管理

企业应根据《安全文化防护设施管理制度》的要求，结合自身安全文化危害情况配备符合要求的、完善的防护设备设施，确保防护设备设施数量达到要求，设备设施位置设置科学合理，并定期进行维护、检修等。企业应借助信息系统实现防护设备设施管理，实时做好安全文化防护设备记录，如防护设备使用、保养、维修以及检查等操作记录。借助系统，企业还能制定定期维护检修计划，重点监控老旧防护设备设施，确保其正常运行。此外，企业还需要在设备技术改造与技术创新方面加大投入，不断提升防护设备设施的防护效果，尽可能将安全文化危害降至最低，最大限度保障员工的生命健康。

7.2.4 优化企业安全文化教育培训体系

企业应重点加强安全文化教育培训管理工作，培训对象覆盖全员，根据企业对不同人员素质和能力的要求为不同人员设计配备相应的课程，培养符合企业长期发展、符合安全文化管理需求的人才。做好企业安全文化教育培训工作能够使企业管理人员和员工熟悉安全文化管理相关的法律、法规、制度和标准，熟悉安全文化知识，掌握安全文化管理相关技术和安全文化危害防范措施，提高企业员工的综合素质水平，增强员工安全文化防范意识、安全文化风险感知能力，促进员工安全文化行为意愿的增强，进而促进企业安全文化管理水平的提高。

1. 注重源头，组建高素质教育培训教师团队

企业应成立专门的教育培训中心，负责企业员工教育培训的准备、组织、实施等工作。同时，为了达到良好的培训效果，企业还要建立一个具备高素质水平的培训教师团队。教师应该是根据培训课程需要从企业行业内、院校以及企业内部与安全文化管理相关专业的专家中选取的。具备高素质水平的教师团队可以为企业员工提供优质的教育培训服务。

2. 强化培训需求调研，制定合理的培训内容和科学的培训计划

为了确保培训计划的科学性与培训内容的合理性，企业的安全文化教育培训工作需要先明确培训需求。不同部门、不同工作岗位、不同层级的员工所需要的专业技能知识有着很大的不同，准确地了解各层级、各岗位员工的培训需求是保证培训质量的前提。培训需求调查表如表 7.2 所示。

表 7.2　培训需求调查表

部门名称		填报人			填报日期	
序号	培训类别/内容	是否有培训需求	培训人数	需求时间	备注	
1	安全文化管理法律法规培训（如安全文化法……）	□是；□否				
2	安全文化管理制度培训（如安全文化责任制度……）	□是；□否				
3	安全文化管理基础知识培训	□是；□否				

部门名称		填报人		填报日期	
序号	培训类别/内容	是否有培训需求	培训人数	需求时间	备注
4	安全文化危害事故案例解析	□是；□否			
5	安全文化应急救援管理专题（包括应急预案、应急演练等）	□是；□否			
6	个人防护用品专题	□是；□否			
7	安全文化防护设备设施专题	□是；□否			
8	新员工三级安全教育、安全文化技能培训	□是；□否			
…					

教育培训中心需要对培训需求调查结果进行综合分析，最终形成培训需求分析报告。教育培训中心根据各部门的培训需求情况，结合企业自身年度整体发展规划、安全目标，按照安全文化教育培训相关规则、制度的规定，制定科学的培训计划，安排合理的培训内容。培训计划中要明确培训的时间、地点，明确培训形式、培训对象、培训内容、培训目标、培训预算等。

3. 创新安全文化教育培训形式

在对员工进行安全文化教育培训时，企业应充分了解不同岗位、不同工种、不同专业员工的培训需求。针对新入职的员工，企业应重点进行企业安全文化管理相关制度流程、规范、企业文化、拓展训练、岗前培训等相关培训；针对专业的技术人员，企业要进行工艺改造、技术创新方面的培训；针对管理人员，企业则要从安全文化管理理念和创新思想方面进行培训；针对井下作业人员，企业要根据岗位情况进行专业操作技能、业务流程、法律法规、操作规程等方面的培训。

在培训内容方面，企业要做到精准培训。在培训模式方面，企业要根据培训内容制定培训方式，不能一味地只讲理论而没有实践，要注重理论与实践结合，要让员工接收到理论知识的同时，能够实践操作，加深员工对实际操作的理解与应用，能够提升培训的效果。

企业可以通过分析安全文化危害事故的实际案例来进行教学，借助图像、动画、音视频等多媒体方式，来提升培训效果。通过案例教学对事故发生原因进行分析，讨论事后处理以及事前预防措施等，可以使企业员工加深对培训内容的理解，使培训效率大幅提高。在案例分析教学过程，企业可以借助三维模拟仿真系统，通过虚拟仿真模拟整个事故发生、处理以及事后调查的全过程，让员工切身参与到整个事故的模拟过程，提升安全文化培训效果，增强员工的安全文化防护意识和风险感知能力。企业还可以通过课堂交流的形式进行培训，学员可以结合自身的实际工作交流各自的看法与观点，讲述自己的想法与操作方法，实现安全文化管理相关知识与经验分享，达到提升教育培训效果的目的。企业也可以通过实际操作培训的形式对员工的专业技能、专业知识等进行培训，在生产作业现场结合实际工作进行操作培训，将理论与实践相结合，员工能够快速、准确地掌握专业技能和知识。此外，企业还可以采用"互联网 +"的培训形式，充分利用互联网资源和互联网工具，并与传统的课堂式培训方式结合，建立 E-learning 在线学习平台，提供员工在线学习、在线考试、培训管理、知识交流等功能。该平台为全体员工提供了优质丰富的在线学习课程，涵盖职业发展、制度流程、专业技能等，能够满足员工个性化的学习需求，员工可以自学与业务相关的专业知识，增强安全文化防护意识和专业技能。

7.2.5　实现隐患排查治理信息化与智能化管理

我国企业早在 2016 年就实施了双重预防机制，坚持把隐患消除在事故发生之前。同时，企业实现了双重预防机制的信息化建设，但是该系统仅仅实现了隐患信息的台账管理以及简单的闭环管理，隐患排查治理信息化管理流程并不完善。企业应在此基础上实现企业安全文化隐患排查治理信息化管理，实现对隐患排查的闭环管理和智能化动态跟踪，解决企业安全文化管理"最后一公里"的问题。

1. 明确安全文化隐患排查治理的业务流程

企业应制定检查计划并开展监督检查工作，检查人员则要根据检查计划进行检查并将检查出的隐患进行登记，经由管理人员确认并确定隐患等级、制定隐患整改方案和整改措施。隐患治理要符合措施、责任、资金、期限、预案"五落实"要求，治理方案要按规定及时上报。检查过程中，根据隐患的实际情况，管理人员可确定隐患由现场责任人立即治理，还是经过一定的整改措施限期整改。不能立即治理完成的隐患，由治理责任单位（部门）主要责任人按照治理方案组织实施隐患整改；能够立即治理完成的隐患，当班采取措施，及时治理消除，并做好记录。整改完成后由检查人员对检查出的隐患进行复查并确定是否销号，如果复查不通过需要整改责任单位和整改责任人继续进行整改；如果复查通过则隐患销号，销号之后对隐患进行公示和监督。安全文化隐患排查治理业务流程如图 7.2 所示。

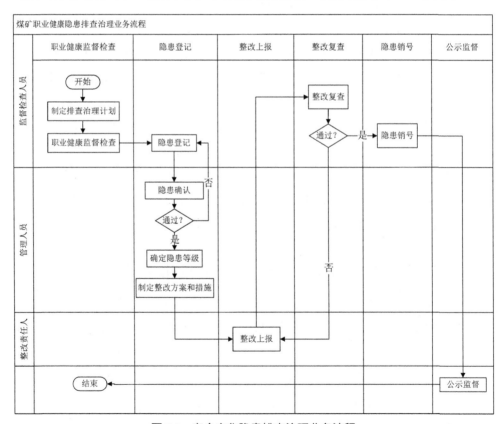

图 7.2　安全文化隐患排查治理业务流程

2. 实现安全文化隐患的智能通知与预警提醒

借助信息化工具，完成对隐患的整改通知，将隐患整改方案以短信的形式及时发送给相关责任人。相关责任人到期未完成隐患整改，系统将及时通知整改责任人、整改部门领导以及检查人员了解隐患动态。同时，系统能够根据《职业卫生监督检查及考核制度》完成对相关人员、部门的自动考核工作。隐患整改完成后，系统将及时通知检查人员对隐患进行复查，并实现隐患的闭环管理。利用信息化手段，可以实现对企业安全隐患的实时、动态、闭环管控。

3. 实现安全文化隐患台账的信息化管理

借助信息化工具，可以实时记录所有的安全文化隐患，了解每一次隐患的整改情况、整改复查情况以及隐患消除情况。

7.2.6 做好安全文化危害因素日常监测工作

企业已安装井下安全监控监测系统，能够对井下的有毒有害气体浓度、粉尘浓度、温度、噪声情况、通风情况以及湿度等进行实时监测。但是，企业应用该系统更多地倾向于安全管理，在安全文化危害治理方面投入不多，前期的安全文化危害因素监测点设置和监测点分布存在一定不足，而且针对监测的数据没有从安全文化管理的角度进行有效利用。在日常监测过程中，要想保证设备正常运行，企业应制定日常监测工作方案，指定专人负责安全文化危害因素的日常监测工作，明确安全文化危害因素监测点的数量和监测设备的分布位置，根据企业的实际情况编制安全文化危害因素分布点图。同时，企业还要明确监测点要监测的内容，根据相关标准和法规设定监测对象的判定标准，通过日常监测可以有效地掌握安全文化危害因素情况和危害程度。这样一旦发现员工作业场所中安全文化危害因素日常监测结果超标，系统就可及时将安全文化危害因素超标情况反馈给相关责任人，企业可以及时地采取有针对性的防控设施和措施，立即消除安全文化危害因素。

7.3 安全环境文化层面

7.3.1 机械设备

为了保证企业员工的安全，企业应采用新技术、新设备，改进、改造落后的防护设备设施，定期对防护设备设施的防护效果进行检测与评定，同时也要优化防护设备设施的安装位置、布置方式，优化防护设备设施内设结构和相关参数，努力提升安全文化危害防护效果。企业在采购防护设备设施时，应尽量选取高效、智能、高可靠性的机械设备，提升机械设备对安全文化危害的防治效果，从源头开始治理，尽可能降低或者消除作业环境中的安全文化危害，实现无害作业。企业应对现有的安全文化危害防护设备设施进行定期检查、维修和保养，以保证防护设备设施正常运转，能够降低作业环境内的安全文化危害因素的浓度或者强度，确保防护设备设施的防护效果。针对现有老旧的安全文化防护设备设施，企业要重点观察、管理，一旦出现故障或者防护效果不佳，要及时维修或者及时更新设备，确保其能够正常、高效工作。企业要保持机械设备具有良好的性能，以充分发挥设备消除安全文化危害的功能，降低或消除对企业员工的安全文化危害，提高企业安全文化管理水平。

7.3.2 安全文化危害因素管控

企业应按照"源头治理—综合防控—有效防护—动态监控"的防护模式对作业环境中的安全文化危害因素进行管控。改革工艺过程与方法，优化、创新装备，可以消除或减弱设备振动、噪声，有效降低温度、粉尘浓度和有毒有害气体浓度；在作业前，可以利用智能化的先进技术设备或抽排等物理办法放空有毒有害气体，也可以利用化学办法改变有毒有害气体的性质，通过降尘设备进行降尘；还可以加大企业智能化、信息化投入，利用智能化技术、工具以及设备作业，减少人员作业或者实现无人作业，降低安全文化危害率；在主要工作区域，利用智能化监控、传感等技术、设备，实现对安全文化危害因素的监管与控制，实现安全文化管理关口前移。一旦发现问题，智能化、自动化监控设备将会对安全文化危害进行治理，确保企业员工作业安全。做好源头治理、过程监控，保证企业员工处在达标的作业环境中工作，可以使企业员工避免安全文化危害，避免患职业病，特别是尘肺病。

1. 加强粉尘危害防治

企业要做好减尘、降尘、排尘以及除尘工作，同时也要做好粉尘浓度的实时监测，确保在作业过程中粉尘浓度在法定范围内，避免员工遭受粉尘危害。

（1）做好减尘工作。减少生产过程中的粉尘产量，改进开采机械设备，选择合理的切割参数和刀具结构，适当加大切割深度、减小切割速度，改进切割刀具的排列形式。在开采过程中，通过湿式作业法，采取煤层注水、喷雾控尘、设备除尘等手段降低粉尘浓度。

（2）做好降尘工作。在采煤工作面，支架在降柱、前移和升柱过程中要采用喷雾降尘，破碎机也要安装防尘罩和喷雾装置。掘进工作面的掘进机内外部都要安装喷雾装置；在采煤和回风顺槽掘进工作面，运输转载点、巷道内等都要设置喷降尘雾装置。

（3）做好排尘工作，通过通风的方法将粉尘排出工作场所或者降低作业场所的粉尘浓度。结合企业的生产布局情况，采用中央并列式通风系统，采煤、掘进等工作面采用独立的通风系统,合理设置通风参数（最佳排尘风速为 1.5m/s~4m/s）。

（4）做好除尘工作，采用除尘设施将风流中的粉尘聚集起来进行处理，净化风流。同时，在采煤工作面、掘进工作面配备局部通风机、湿式除尘器等进行除尘，可使含尘空气就地净化。企业要建立定期冲尘制度，对采煤工作面、各转载点等相关位置进行定期冲洗。

同时，在粉尘产生的区域合理安装传感器、控制器等粉尘监测、防控技术装备，并通过信息化、智能化工具的使用，全天候监测生产区域粉尘的浓度水平，实现粉尘浓度的实时监测与预警，一旦出现预警，系统将根据预警情况自动开启粉尘控制器、智能通风调控设备等进行控尘、降尘，将粉尘风险控制到最低程度甚至消灭粉尘风险，实现企业粉尘源头治理、无尘化作业，切实提高企业安全文化管理水平。此外，企业员工在作业过程中必须穿戴防尘装备，如防尘口罩等。

2. 加强噪声危害防治

企业需要在建设阶段、生产阶段等加强噪声危害防治。在建设阶段，企业应尽量选用产噪较小的设备，在噪声产生的区域安装减声器，并对产生噪声的机械设备设置减振器、减振材料、降噪材料等降低噪声产生的损害；在生产区域，通过设置隔音室、隔声罩或采取吸声处理等方式降低噪声对员工的危害。此外，员工在作业时必须穿戴防噪声的个体防护设备，如降噪耳塞等；煤炭企业还要加强噪声的实时监测，对噪声超标进行处理，员工作业场所的噪声超过90dB（A）时，就要缩短员工的工作时间，减少员工受到噪声危害。企业要根据《职业危害作业场所工作时间制度》合理安排员工噪声作业时间，注意工作与休息穿插。

3. 加强有毒有害气体危害防治

企业要对井下的通风系统进行合理设计，确保风量和风速适宜，能够降低井下的有毒有害气体浓度。企业应该加强对有毒有害气体浓度的实时监测，并积极采用信息化的设备对有毒有害气体进行实时监控、智能管控。在采掘、采煤以及回采过程中，一旦发现有毒有害气体异常需要及时进行处理，如通过通风系统加强通风，对井下工作面进行局部通风或者全面通风等，以降低有毒有害气体的浓度，同时向井下输送新鲜的空气；通过喷雾器喷雾溶解有毒有害气体，降低有毒有害气体浓度等；采取密闭化处理，对生产过程中产生的有毒有害气体进行密闭处理，防止其外溢等。

4. 加强高温热害防治

企业井下生产区域位于地下几百米甚至超过1000米的区域，在煤炭开采的过程中，容易产生高温等环境，高温热害也会对员工产生危害。因此，企业需要采取多种降温措施降低井下温度。在生产环节，企业可以通过优化开采区布置、合理调整开采面供风量，最大限度降低高温对员工的危害，维护员工的健康水平。企业可以针对局部高温工作面采用先进的局部降温设备或者制冷机等，对企业员工工作面进行降温、降湿处理。结合井下高温热害情况，建立井下集中降温系统，根据综采工作面和掘进工作面的数量确定矿用防爆集中制冷机组的数量，最终达到降温的效果，提高矿井安全文化水平。

5. 加强振动危害防治

企业在采购新设备时，要优先选择振动小、设计合理、技术先进的设备，从源头上控制振动危害。针对煤电钻、风钻、综采综掘机械等产生的局部振动，企业可以对设备和工艺进行改进。同时，企业应根据《职业危害作业场所工作时间制度》严格控制作业人员的接触危害时间：对于产生振动较大的煤电钻、风钻等设备和工具，作业人员连续接触时间不得超过 4 小时；对于电锯和机床等设备和工具，作业人员连续接触时间不得超过 6 小时。此外，企业可在产生较大振动设备周围设置隔离地沟并利用减振材料等防止振动外传；可在采煤机、掘进机、柴油车等座椅下加泡沫垫来减弱振动。企业应加强对设备的检修、维修和保养工作，减少由设备老化、螺丝松动等问题带来的振动。

7.4　安全行为文化层面

7.4.1　提升员工综合素质水平

1. 提高招聘标准，录用符合标准的高素质员工

在每年的社会招聘和校园招聘过程中，企业人力资源管理部门应结合招聘岗位的实际情况提高员工在教育水平、专业技能、综合素质等方面的招聘标准，严格按照招聘标准和流程，选择符合要求且最适合工作岗位的员工，帮助企业选拔出高素质人才，这样对于企业长期发展和安全文化管理都有着重要的意义。另外，企业还应该引进企业生产和安全文化管理等方面的高素质高层次人才，以在短期内迅速提升企业管理人员、安全文化监管人员、技术人员的综合素质，提高企业生产和安全文化管理的技术和水平。

2. 加强对企业员工的安全文化教育培训，提升员工综合素质

企业要加强对管理人员、技术人员等进行安全文化相关知识的教育培训工作，提高员工的综合素质水平。在进行安全文化培训时，企业应充分了解不同岗位、不同工种、不同专业员工的培训需求，根据员工需求制定培训计划并开展培训工

作，全面提升员工的专业技能和安全文化知识水平。同时，培训结束后，企业还需要通过考核、实际操作比武等形式，确保员工综合素质的提高。

3. 加强校企合作，培养复合型人才，全面提升员工的综合素质水平

企业需要大力推进"安全文化管理＋N"的复合型人才队伍建设，包括"安全文化管理＋人工智能""安全文化管理＋大数据""安全文化管理＋工程""安全文化管理＋医疗"等。这些人员不仅要精通安全文化管理等工作，还要精通智慧矿山、大数据、人工智能、职业病诊断、筛查和治疗等技术，他们是适合开展安全文化危害源头治理、精准控制，职业病精准预防与治疗的高精尖、复合型人才。企业应与高等院校合作，联合进行安全文化学科建设。院校可开设职业卫生工程等专业，同时增设计算机科学技术、人工智能、大数据等课程，实现交叉学科知识融合，探索培养"安全文化管理＋N"的复合型人才。企业可以把实践学习平台、优势师资、设备及资金等资源带到院校。同时，院校可根据企业需求进行课程设置，由院校教师和企业专家共同培养人才，做到专业、文化的双重对接，致力于培养创新型、技术技能型、复合型人才，实现了校企的无缝接轨，实现了院校人才输出与企业安全文化管理用人需求的有效对接。企业应构建基于"1+X"证书制度下企业复合型人才的培养模式，将"1+X"证书制度应用到企业当中，用于安全文化管理复合型人才的培养。针对企业定向培养的"学生"，以通过资格考试作为考核方式。培养安全文化管理复合型人才要坚持专业课与学科知识融合、专业能力与复合能力结合培养、继续学习与行业实践并行。企业可以在为企业员工提供继续教育机会、促进员工自主学习、打造"1+X"专家库等方面推动复合型人才的培养。

7.4.2 增强员工安全文化危害防范能力

1. 加强对员工的安全文化教育培训

企业应加强对员工的安全宣传教育和培训工作，通过普及安全文化管理法规和规章制度、职业病危害的影响因素和防控措施等知识，让员工及时了解安全文化相关法律法规，掌握规避安全文化危害的知识、方式和方法，增强员工的自我防护意识、安全文化风险防范能力、安全文化防护行为意愿，改善员工

个体防护用品的使用情况，降低员工的"三违率"，降低或者避免员工受到安全文化危害，促进员工营造良好的安全文化管理环境，提高企业安全文化管理能力和水平。

2. 制定奖惩机制，增强员工安全文化防护意识

企业应通过物质激励和文化激励促使员工的价值观与企业的价值观保持一致。在安全文化管理过程中，企业应充分发挥员工个体的主动性，进一步增强员工的职业防护意识，使员工充分认识到安全文化管理不仅仅是企业的事，更重要的是员工个人的事。企业可以采取一定的激励方法，将员工绩效、组织绩效与员工和组织在安全文化管理方面的表现挂钩，根据表现情况进行奖励或者惩罚，促使员工积极学习安全文化管理法律法规、规章制度、安全文化等相关知识，在实际生产过程中做出安全行为。对员工的安全行为进行激励和促进，能够提高企业整体安全文化管理水平。

3. 加强安全文化宣传工作

企业需要定期开展安全文化管理宣传教育活动，如开展安全文化知识宣传周、安全文化知识竞赛、安全文化技能比武等，促进员工持续学习、巩固安全文化管理相关知识和安全文化技能，使员工能够了解到不同的安全文化危害因素可能造成的损害以及应对方法是什么。在作业过程中，员工应做好个体防护，维护自身的安全。企业要充分利用公告栏、微信群、微信公众号、企业内部网站、广播站等载体，积极宣传《企业安全文化建设导则》等相关制度法规，以及安全文化知识等，提高员工的法治理念和自我保护意识。

7.4.3　优化发展机制，促进员工身心健康

员工的身心健康影响着其安全文化风险防范意识、风险感知能力及行为意愿，对安全文化管理有着重要的影响。企业应严格遵照《劳动者安全文化监护及其档案管理制度》，保证员工定期体检，建立员工身心健康档案，了解员工的安全文化情况。企业还需要对员工的身心健康水平进行科学的评估，了解员工的生理健康情况和心理健康情况。尽管企业信息化建设程度非常高，但是缺少针对员工安全文化的信息化管理，企业应从全局出发构建企业安全文化管理系统，实现对员

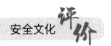

工身心健康档案的管理，可以对员工身心健康进行动态监测、定期评估，并通过合理干预不断促进员工的身心健康，降低员工安全文化风险。

1. 建立身心健康动态监测机制

对员工身心健康水平进行动态监测评估，一方面可以维护员工的健康，另一方面也能够帮助企业随时掌握员工的生产状态。企业可以根据《职业源性身心损害检测量表》，借助信息系统对员工身心健康水平进行动态监测，并将员工的身心健康水平按照一定的标准进行分类，针对特定分类群体采取特定的措施。

2. 建立身心健康发展评估机制

采用科学的办法对员工身心健康水平进行评价，建立管理层—生产部门—班组—员工的四级监测系统，对员工身心健康现状进行分析和趋势预测。根据动态监测结果，按照员工身心健康水平的分类，针对身心健康存在问题的员工，企业要积极进行科学干预，确保员工身心健康。企业要借助信息化、智能化工具对员工身心健康水平的变化和关键行为进行跟踪管理，当员工身心健康水平出现波动时，企业能够及时了解并采用科学合理的措施进行干预。

3. 建立身心干预机制

企业在对员工身心健康水平进行动态监测和科学评估后，还要根据员工安全文化现状，采取多项措施对员工身心健康进行管理。通过全面的宣传教育和定期培训，员工可以充分认识到安全文化管理的重要性，增强自我保健能力。除对员工实施直接的安全文化措施外，企业还要对员工进行人文关怀，对特定员工进行咨询辅导，开展心理疏导。管理层要经常与员工沟通，开展群众座谈会等，及时了解员工在身心健康管理方面的意见和建议，指导员工科学合理地进行健康管理，提高员工自身进行健康管理的主动性和积极性，切实提高员工安全文化水平，维护企业正常生产秩序。此外，企业要根据规定为员工缴纳工伤、医疗保险，还应为员工提供安全文化体检，设立安全文化事故备用金等。

4. 提高员工身体素质，降低健康风险

除了心理健康以外，员工的身体健康同样重要，井下工作强度、心理压力、安全文化危害因素等对员工的身体健康具有较大影响。企业在处理好员工心理健康的同时，还要关注员工的身体健康，要定期开展体育健身活动，如篮球比赛、足球比赛、跳绳比赛、健步比赛等，努力推进全员健身。另外，企业还要关注员工的饮食、作息等，要提醒员工注意饮食，形成合理的膳食习惯，养成规律的作息时间。企业应通过各类健身活动，倡导员工养成积极健康的工作、生活方式，在企业上下形成锻炼身体、身心愉快的良好氛围，努力提升企业员工的安全文化意识，提高员工的健康水平。

参考文献

[1]Pidgeon N F. Safety culture and risk management in organizations[J]. Journal of cross-cultural psychology, 1991, 22(1): 129-140.

[2]Pidgeon N F. Safety culture: key theoretical issues[J]. Work & stress, 1998, 12(3): 202-216.

[3]International Nuclear Safety Advisory Group. Safety culture: a report by the International Nuclear Safety Advisory Group[R]. Vienna: International Atomic Energy Agency, 1991.

[4]Cox S, Cox T. The structure of employee attitudes to safety: an European example[J]. Work and Stress, 1991, 5(2): 93-106.

[5]Confederation of British Industry. Developing a safety culture-business for safety[R]. London: Confederation of British Industry, 1991.

[6]Ostrom L, Wilhelmsen C, Ka Plan B. Assessing safety culture[J]. Nuclear Safety. 1993, 34(2): 163-172.

[7]Advisory Committee on the Safety of Nuclear Installations. Organising for Safety-3rd report of ACSNI study group on human factors[M]. London: HMSO, 1993.

[8]Berends J J. On the measurement of safety culture[D]. Eindhoven: Eindhoven University of Technology, 1996.

[9]Ciavarelli A, Figlock R. Organizational factors in aviation accidents[C]// In proceedings of the ninth international symposium on aviation psychology, Columbus, 1996, 1033-1035.

[10]Pidgeon N F. The limits to safety? Culture, politics, learning and man–made disasters[J]. Journal of Contingencies and Crisis Management, 1997, 5(1): 1-14.

[11]Helmreich R L, Merritt A C. Culture at work: national, organizational and professional

influence[M]. United kingdom : Ashgate Publishing, 1998.

[12]Carroll J. Safety culture as an ongoing process: culture surveys as opportunities for enquiry and change[J]. Work and Stress, 1998, 12(12): 272-284.

[13]Mearns K, Flin R, Gordon R, et al. Measuring safety climate on offshore installations[J]. Work & Stress, 1998, 12(3): 238-254.

[14]Cooper M D. Improving safety culture: a practical guide[M]. UK: John Wiley& Sons, 1998.

[15]Flin R, Mearns K, Gordon R, et al. Measuring safety climate on UK offshore oil and gas installations[C]// In the SPE International Conference on Health, Safety and Environment in Oil and Gas Exploration and Production Caracas, Venezuela, 1998.

[16]Kennedy R, Kirwana B. Development of a hazard and operability-based method for identifying safety management vulnera-bilities in high risk systems[J]. The Journal of Safety Science, 1998, 30(3): 249-274.

[17]Minerals Council of Australia. Safety culture survey report of the Australia minerals industry[R]. Minerals Council of Australia, 1999.

[18]Guldenmund F W. The nature of safety culture: a review of theory and research[J]. Safety Science, 2000, 34(1-3): 215-257.

[19]Glendon A I, Stanton N A. Perspectives on safety culture[J]. Safety Science, 2000, 34(1-3): 193-214.

[20]Hale A R. Editorial: culture's confusion [J].Safety Science, 2000, 34(1-3): 1-14.

[21]Wiegmann D A, Zhang H, Thaden T V, et al. A synthesis of safety culture and safety climate research[R]. Federal Aviation Administration Atlantic City International Airport, 2002.

[22]O' Toole M. The relationship between employees, perceptions of safety and organizational culture[J]. Journal of Safety Research, 2002, 33(2): 231-243.

[23]Reason J, Hobbs A. Managing maintenance error: a practical guide[M]. Burlington: Ashgate Publishing VT, 2003.

[24]Reiman T, Oedewald P. Measuring maintenance culture and maintenance core task with culture questionnaire–a case study in the power industry[J]. Safety Science, 2004, 42(9): 859-889.

[25]Institute of Nuclear Power Operations. Principles for a strong nuclear safety

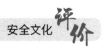

culture[R]. Atlanta: Institute of Nuclear Power Operations, 2004.

［26］Richter A, Koch C. Integration, differentiation and ambiguity in safety cultures[J]. Safety Science, 2004, 42(8): 703-722.

［27］Patankar M S, Bigda-Peyton T, Sabin E, et al. A comparative review of safety cultures[R]. Missouri: Saint Louis University, 2005.

［28］Fang D, Chen Y, Wong L. Safety climate in construction industry: a case study in Hong Kong[J]. Journal of construction engineering and management, 2006, 132(6): 573-584.

［29］Díaz-Cabrera D, Isla-Díaz R, Rolo-Gonzalex G, et al. Organizational health and safety from an integrative perspective[J]. Papeles del Psicologo, 2008, 29(1): 83-91.

［30］US Department of Transportation. Air traffic organization safety management system: Order JO 1000.37[S], 2007.

［31］Fernández-Muñiz B, Montes-Peón J M, Vázquez-Ordás C J. Safety culture: analysis of the causal relationships between its key dimensions[J]. Journal of Safety Research, 2007, 38(6): 627-641.

［32］National Occupational Research Agenda (NORA) Construction Sector Council. National construction agenda[R]. National Institute for Occupational Safety and Health, 2008.

［33］Civil Air Navigation Services Organization. Safety culture definition and enhancement process[R]. Civil Air Navigation Services Organization, 2008.

［34］Healthcare and Social Assistance Sector Council. Identification of research opportunities for the next decade of NORA[R]. Department of Health and Human Services, 2009.

［35］Antonsen S. Safety culture and the issue of power[J]. Safety Science, 2009, 47(2): 183-191.

［36］Piers M, Montijn C, Balk A. Safety culture framework for the ECAST SMS-WG[R]. Dutch National Aerospace Laboratory, 2009.

［37］Patankar M, Sabin E. Human factors in aviation[M]. California: Elsevier Inc, 2010.

［38］Nævestad T O. Evaluating a safety culture campaign: some lessons from a Norwegian case[J]. Safety Science, 2010, 48(5): 651-659.

［39］Safety Council. Safety culture[R]. US Department of Transportation, 2011.

[40] International Civil Aviation Organization (ICAO). Safety management manual third edition[R]. Montréal: International Civil Aviation Organization, 2013.

[41] Morrow S L, Koves G K, Barnes V E. Exploring the relationship between safety culture and safety performance in U.S. nuclear power operations[J]. Safety Science, 2014, 69(1): 37-47.

[42] Éder Henriqson, Schuler B, Winsen R V, et al. The constitution and effects of safety culture as an object in the discourse of accident prevention: a Foucauldian approach[J]. Safety Science, 2014, 70: 465-476.

[43] Strauch B. Can we examine safety culture in accident investigations, or should we?[J]. Safety Science, 2015, 77: 102-111.

[44] Alshammari F, Pasay-an E, Alboliteeh M, et al. A survey of hospital healthcare professionals' perceptions toward patient safety culture in Saudi Arabia[J]. International Journal of Africa Nursing Sciences, 2019, 11: 123-128.

[45] Boughaba A, Aberkane S, Fourar Y O, et al. Study of safety culture in healthcare institutions: case of an Algerian hospital[J]. International Journal of Health Care Quality Assurance, 2019, 32(7): 12-19.

[46] Mokarami H, Alizadeh S S, Pordanjani T R, et al. The relationship between organizational safety culture and unsafe behaviors, and accidents among public transport bus drivers using structural equation modeling[J]. Transportation Research Part F: Psychology and Behaviour, 2019, 65: 90-105.

[47] David O D, Christopher Q M, Richard M S, et al. Association Between Hospital Safety Culture and Surgical Outcomes in a Statewide Surgical Quality Improvement Collaborative[J]. Journal of the American College of Surgeons, 2019, 229(2): 56-72.

[48] Merhi M, Hone K, Tarhini A. A cross-cultural study of the intention to use mobile banking between Lebanese and British consumers: Extending UTAUT2 with security, privacy and trust[J]. Technology in Society, 2019, 59: 76-89.

[49] Nikoloz G, Antje H, Tanja M. Psychometric properties of the Georgian version of Hospital Survey on Patient Safety Culture: a cross-sectional study[J]. BMJ open, 2019, 9(7): 1120-1131.

[50] Richard F, Phil H, Tom S G,et al. Safety of anti-VEGF treatments in a diabetic rat model and retinal cell culture[J]. Clinical ophthalmology (Auckland, N.Z.), 2019,

13:90-98.

[51]Sithulisiwe B, Tawanda R, Ratau M J. Strategic approaches for developing a culture of safety management in schools: Indications from literature studies[J]. Jamba (Potchefstroom, South Africa), 2019, 11(2):67-79.

[52]Yue L, Xi C, Xueya C, et al. Perceived Patient Safety Culture in Nursing Homes Associated With "Nursing Home Compare" Performance Indicators[J]. Medical care, 2019, 57(8): 907- 912.

[53]Jung S, Xiao Qin, Cheol Oh. Developing Targeted Safety Strategies Based on Traffic Safety Culture Indexes Identified in Stratified Fatality Prediction Models[J]. KSCE Journal of Civil Engineering, 2019, 23(8): 57-64.

[54]Cris A S. Quality and safety of the nurse practice environment: Implications for management commitment to a culture of safety[J]. Nursing forum, 2019, 6: 88-95.

[55]Anthony S, Estelle L, Pascal R, et al. Impact of TeamSTEPPS on patient safety culture in a Swiss maternity ward[J]. International journal for quality in health care: journal of the International Society for Quality in Health Care, 2019: 17-23.

[56]Ida F S. Factors that influence the implementation of patient's safety culture by ward nurses in district general hospital[J]. Enfermeria Clinica, 2019: 6-73.

[57]Rosso V, Simon J, Hickey M, et al. Engaging senior management to improve the safety culture of a chemical development organization thru the SPYDR (Safety as Part of Your Daily Routine) lab visit program[J]. Journal of Chemical Health & Safety, 2019, 26(4-5): 38-43.

[58]Roisin O, Marie W, Aoife D B, et al. Safety culture in health care teams: A narrative review of the literature[J]. Journal of nursing management, 2019, 27(5): 96-102.

[59]Birgit H, Sabine H, Ruud H J G, et al. Patient and visitor aggression in healthcare: A survey exploring organisational safety culture and team efficacy[J]. Journal of nursing management, 2019, 27(5): 54-61.

[60]Delphine T, Guillaume M, Emmanuelle A, et al. Transcultural adaptation and psychometric study of the French version of the nursing home survey on patient safety culture questionnaire[J]. BMC health services research, 2019, 19(1): 43-52.

[61]Nævestad T O, Hesjevoll I S, Ranestad K, et al. Strategies regulatory authorities can use to influence safety culture in organizations: Lessons based on experiences from

three sectors[J]. Safety Science, 2019, 118: 77-82.

[62] Kong L N, Zhu W F, He S, et al. Attitudes towards patient safety culture among postgraduate nursing students in China: A cross-sectional study[J]. Nurse Education in Practice, 2019, 38: 34-43.

[63] TR N, KH J, AC E, et al.Universal mandatory reporting policies show null effects in a statewide college sample[J].Law and Human Behavior,2023,47(6):686-699.

[64] Hackos, Joann T. Publications Process Maturity Model: Key Practices for an Effective Organization[J]. Society for Technical Communication Annual Conference, 1996, 104-108.

[65] Hossein S, Richard K. SEI Capability Maturity Model's Impact on Contractors[J] Computer, 1995, 16-26.

[66] Rose, Kenneth H. Organizational project management maturity model[M] (Book Review). Project Management Journal, 2004, 35(1): 59-60.

[67] Project Management Solutions Inc. Project management maturity model[M]. PM Solutions, 2001. 8-30.

[68] PMI organization. Project Management Maturity Model Hand Book[M]. USA, PMI Global Congress, 2003, 12-16.

[69] Han S M, Lee S M, Yim H B, et al. Development of Nuclear Safety Culture evaluation method for an operation team based on the probab-ilistic approach[J]. Annals of Nuclear Energy, 2018, 111.

[70] Reiman T, Oedewald P. Measuring maintenance culture and maintenance core task with CULTURE-questionnaire—a case study in the power industry-ScienceDirect[J]. Safety Science, 2004, 42(9):859-889.

[71] Yu K, Zhou L, Cao Q, et al.Evolutionary Game Research on Symmetry of Workers' Behavior in Coal Mine Enterprises[J].Symmetry, 2019, 11(2):156.

[72] Winge S, Albrechtsen E, Arnesen J. A comparative analysis of safety management and safety performance in twelve construction projects[J].Journal of Safety Research, 2019, 71:139-152.

[73] Kazan E , Usmen M A .Worker safety and injury severity analysis of earthmoving equipment accidents[J].Journal of safety research, 2018.65(6):73-81.

[74] Jiang F C , Lai E , Shan Y X ,et al.A set theory-based model for safety investment

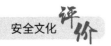

and accident control in coal mines[J].Transactions of The Institution of Chemical Engineers. Process Safety and Environmental Protection, Part B, 2020(136):136.

［75］Wang G, Xu F, Zhao C. Multi-Access Edge Computing Based Vehicular Network: Joint Task Scheduling and Resource Allocation Strategy[C]//2020 IEEE International Conference on Communications Workshops (ICC Workshops).IEEE, 2020.

［76］Sehsah R, El-Gilany A H, Megahed A. Personal protective equipment (PPE) use and its relation to accidents among construction workers[J]. La Medicina del lavoro, 2020, 111(4):285-295.

［77］Zheng G , Li C, Feng Y. Developing a new index for evaluating physiological safety in high temperature weather based on entropy-TOPSIS model - A case of sanitation worker[J].Environmental Research, 2020, 191(8):110091.

［78］Zinkin V N, Soldatov S K, Afanasiev R V, et al. Hygienic analysis of conditions of work at the aircraft repair plants and ways to improve the acoustic situation[J]. Aviakosmicheskaia i ekologicheskaia meditsina = Aerospace and environmental medicine, 2008, 42(3):43-50.

［79］Opricovic S, Tzeng G H. compromise solution by mcdm methods: a comparative analysis of vikor and topsis[J]. european journal of operational research, 2004, 156(2):204-220.

［80］Karsak E E, Tolga E. Fuzzy multi-criteria decision-making procedure for evaluating advanced manufacturing system investments[J]. International Journal of Production Economics, 2001, 69(1):49-64.

［81］陈沅江，黄小梅，吴超 .IAHP-SCL 法在建筑企业安全文化综合评价中的应用 [J]. 安全与环境工程，2007(03): 87-91.

［82］郝东灵 . 建筑施工企业安全文化建设研究 [D]. 天津：天津工业大学，2008.

［83］徐应芬 . 面向预警管理的航空公司安全文化机制研究 [D]. 武汉：武汉理工大学，2008.

［84］王璐 . 煤矿安全文化建设研究 [D]. 阜新：辽宁工程技术大学，2008.

［85］王亦虹，夏立明 . 基于人因失误理论构建企业安全文化评价体系 [J]. 武汉：武汉理工大学学报，2008，30(12): 177-180.

［86］宋新明，居勇，曾鸣，等 . 基于神经网络的供电企业安全文化评价研究 [J]. 中国安全生产科学技术，2009，5(04): 55-59.

［87］肖东生.基于核电站安全的组织因素研究 [D]. 长沙：中南大学，2010.

［88］马文章，傅惠敏.煤矿安全文化评价研究综述 [J]. 中国煤炭，2009，35(10): 109-113.

［89］赵徽.电网企业安全文化对安全行为影响的评价研究 [D]. 北京：华北电力大学，2010.

［90］马云歌.烟草公司企业安全文化评价体系研究 [J]. 现代国企研究，2019(06): 284.

［91］余利先，李俊平.试论企业安全生产监督管理与评价 [J]. 采矿技术，2004(02): 35-36.

［92］田元福.建筑安全控制及其应用研究 [D]. 西安：西安建筑科技大学，2005.

［93］贾彬.试析应用安全风险管理机制确保旅客运输安全 [J]. 黑龙江科技信息,2016,(13):293.

［94］张玉.建筑企业安全文化建设的探讨 [D]. 重庆：重庆大学，2004.

［95］宋轶群.福建省道路交通安全管理机制研究 [D]. 福州：福州大学，2005.

［96］方东平，陈扬.建筑业安全文化的内涵 表现 评价与建设 [J]. 建筑经济，2005(02): 41-45.

［97］王森.核电企业星级管理绩效评价体系的探索 [J]. 核科学与工程，2005(01): 66-71.

［98］马英楠.中国安全社区建设研究 [D]. 北京：首都经济贸易大学，2005.

［99］黄宁强.现代建筑企业安全管理模式的研究 [D]. 西安：西安建筑科技大学，2005.

［100］游旭群，李瑛，石学云，等.航线飞行安全文化特征评价方法的因素分析研究 [J]. 心理科学，2005(04): 837-840.

［101］王葳.学校健康安全与环境管理研究 [D]. 天津：天津大学，2006.

［102］陈金国，朱金福.安全文化的平衡计分卡绩效评价方法 [J]. 中国安全科学学报，2005(09): 88-91+115.

［103］李秀峰.现代企业安全文化及其在我国煤矿企业中的应用研究 [D]. 天津：天津大学，2006.

［104］周渝岚.石油企业安全文化综合评价 [D]. 成都：西南石油大学，2006.

［105］王玉玲.企业安全文化形式系统及其评价系统研究 [D]. 北京：首都经济贸易大学，2006.

［106］马广平.电力企业安全文化重塑研究 [D]. 北京：华北电力大学，2006.

[107] 杨秀莉, 马中飞. 浅论企业安全形象与企业安全文化的关系 [J]. 中国安全科学学报, 2006(05): 61-64+148.

[108] 赵丽艳. 建筑施工企业安全文化研究 [D]. 哈尔滨: 哈尔滨工业大学, 2006.

[109] 邵祖峰. 道路交通安全文化建设水平评价指标体系研究 [J]. 道路交通与安全, 2006(06): 17-20 +28.

[110] 吴俊勇, 刘澍, 焦晓佑, 等. 电力企业安全文化评价体系及其专家系统的研究 [J]. 电力信息化, 2006(07): 46-48.

[111] 司马俊杰, 隋秀华, 苗德俊. 企业安全文化体系及其评价 [J]. 煤矿安全, 2006(09): 68-71.

[112] 陈维民. 神华集团企业安全文化评价系统 [J]. 中国安全科学学报, 2006(09): 95-99+147.

[113] 贺兴容. 供电企业安全文化的构建及评价 [D]. 成都: 西南交通大学, 2006.

[114] 吴有胜. 电力企业安全文化评价专家系统的研究 [J]. 煤矿安全, 2006(11): 30-32.

[115] 陈明利. 电力企业安全文化模糊综合评价研究 [D]. 北京: 北京交通大学, 2007.

[116] 夏滨. 供电企业安全文化的评价指标体系与评估模型 [D]. 北京: 华北电力大学, 2007.

[117] 焦晓佑, 宋守信, 吴俊勇. 基于离散 HOPFIELD 神经网络的核安全文化星级评价体系 [J]. 核动力工程, 2007(01): 105-109+114.

[118] 谢荷锋, 马庆国, 肖东生, 等. 企业安全文化研究述评 [J]. 南华大学学报 (社会科学版), 2007(01): 35-38.

[119] 李山汀. 组织安全意识及其影响因素与组织安全绩效的关系研究 [D]. 杭州: 浙江大学, 2007.

[120] 王胜美. 神经网络在电力企业安全文化评价专家系统中的应用 [J]. 现代电力, 2007(02): 70-73.

[121] 陈坤. 化工企业安全文化评价指标体系研究 [D]. 重庆: 重庆大学, 2007.

[122] 徐刚, 吴超, 毛果平. 企业安全文化评价体系及方法 [J]. 工业安全与环保, 2007(05): 56-57.

[123] 王永敏. 建立铁路安全文化建设评价体系研究 [D]. 北京: 北京交通大学, 2007.

[124] 王亦虹. 企业安全文化评价体系研究 [D]. 天津: 天津大学, 2007.

[125] 夏立明, 王亦虹. 基于因素重构分析法和主成分分析法的企业安全文化评价模

型 [J]. 中国安全科学学报，2007(12): 70-75+195+197.

［126］任芳芳 . 石油化工企业安全文化综合评价研究 [D]. 沈阳：东北大学，2008.

［127］李志波 . 基于社会责任的企业安全文化建构 [D]. 大庆：大庆石油学院，2008.

［128］王丹 . 煤矿安全精细化管理及运行机理研究 [D]. 北京：中国矿业大学，2009.

［129］胡进 . 高危作业安全风险影响因素分析的实证研究 [D]. 武汉：华中科技大学，2009.

［130］林柏泉，康国峰，周延，等 . 煤矿生产安全风险管理机制的研究与应用 [J]. 中国安全科学学报，2009，19(05): 43-50+179.

［131］党璐璐 . 西北电网公司安全发展演变机理研究 [D]. 西安：西安建筑科技大学，2009.

［132］何刚 . 煤矿安全影响因子的系统分析及其系统动力学仿真研究 [D]. 淮南：安徽理工大学，2009.

［133］杨利峰 . 煤矿安全心理生态"群"交互、演化及"态"健康干预仿真研究 [D]. 徐州：中国矿业大学，2018.

［134］代伟，谢雄刚，白雯，等 . 基于安全软实力的煤矿行为安全研究 [J]. 技术与创新管理，2018，39(02): 157-162.

［135］雷林，李向阳，冯胜阳，等 . 核电企业核安全文化主动涵化评价方法的研究 [J]. 南华大学学报 (社会科学版)，2017，18(06): 5-10.

［136］刘永川，江标远，王薇薇 . 基于 PDCA 循环的福建煤矿企业安全文化体系建设 [J]. 技术与创新管理，2017，38(06): 660-664.

［137］刘凯利，撒占友，马池香，等 . 企业安全文化建设水平灰色定权聚类评价研究 [J]. 青岛理工大学学报，2017，38(05): 93-99+114.

［138］姚德志，宋守信 . 基于文献计量与共词分析法的企业安全文化研究述评 [J]. 中国安全生产科学技术，2017，13(07): 180-185.

［139］陈梓莉 . 空管安全文化测量研究 [D]. 天津：中国民航大学，2018.

［140］倪冉 . 煤矿安全文化的离散 HOPFIELD 神经网络评价与应用研究 [D]. 徐州：中国矿业大学，2015.

［141］张帆 . 地铁运营公司的安全文化研究 [J]. 华北科技学院学报，2015，12(01): 88-93.

［142］郑霞忠，李华飞，毛玉婷 . 安全文化模型在施工企业中的应用 [J]. 中国安全科学学报，2011，21(06): 88-93.

[143] 毛玉婷. 施工企业安全文化模型研究 [D]. 宜昌：三峡大学，2011.

[144] 陈伟炯. 海事预防的安全科学新理论探讨 [J]. 中国安全科学学报，1998，8(6): 5-9.

[145] 冯亚娟，邢仲超. 安全激励对安全创新行为的影响研究——知识共享和安全氛围的作用 [J]. 软科学，2022，36(04): 110-117.

[146] 常洁，唐朝永，牛冲槐. 组织情绪能力与组织创新关系：心理安全及失败学习的链式中介模型 [J]. 科技进步与对策，2020，37(18): 10-17.

[147] 陈信，龙升照. 人—机—环境系统工程学在军事武器装备研制中的地位 [J]. 自然杂志，1985，(05): 351-353+342.

[148] 闪淳昌，周玲，秦绪坤，等. 我国应急管理体系的现状、问题及解决路径 [J]. 公共管理评论，2020，2(02): 5-20.

[149] 王秉，吴超. 安全文化建设原理研究 [J]. 中国安全生产科学技术，2015，11(12): 26-32.

[150] 郭中华，姜卉，尤完. 建筑施工安全生产监管模式的事故作用机理及有效性评价 [J]. 公共管理学报，2021，18(04): 63-77+170.

[151] 王妍，赵瑶. 企业安全文化对员工安全行为的影响：基于江苏省化工企业的实证研究 [J]. 学海，2020(06): 45-50.

[152] 梅强，张超，李雯，等. 安全文化、安全氛围与员工安全行为关系研究——基于高危行业中小企业的实证 [J]. 系统管理学报，2017，26(02): 277-286.

[153] 施波，王秉，吴超. 企业安全文化认同机理及其影响因素 [J]. 科技管理研究，2016，36(16): 195-200.

[154] 陈伟炯，吴宇凡，李新，等. 一种基于人 - 机 - 环境 - 管理系统理论的安全文化评价方法 [J]. 安全与环境学报，2022，22(05): 2649-2659.

[155] 容志，赖天. 基于韧性理论的高校校园安全体系建设研究 [J]. 广州大学学报 (社会科学版)，2022，21(02): 44-59.

[156] 张捷雷. 基于风险链分析的旅游安全风险预防与控制机制研究 [J]. 浙江学刊，2019(04): 160-167.

[157] 吴玉林，陈志刚. 中国核电核安全文化建设实践及思考 [J]. 环境保护，2018，46(12): 36-38.

[158] 弓建华，尹相权. 基于布莱德利曲线模型的高校图书馆安全文化建设 [J]. 图书馆工作与研究，2019(12): 61-65.

[159] 时照，傅贵，解学才，等. 安全文化定量分析系统的研发与应用 [J]. 中国安全

科学学报，2022，32(08): 29-36.

[160]陈秀珍.基于不安全行为模型的几起特大道路交通运输事故不安全动作研究 [J].技术与创新管理，2016，37(05): 519-523+561.

[161]傅贵，陆柏，陈秀珍.基于行为科学的组织安全管理方案模型 [J].中国安全科学学报，2005(09): 21-27.

[162]张苏，王雅先，王金贵.基于"2-4"模型的高校实验室安全文化建设水平模糊综合评价 [J].实验技术与管理，2021，38(07): 291-296.

[163]王秉，吴超.组织安全文化评价的基础性问题及方法论 [J].中国安全生产科学技术，2017，13(09): 5-12.

[164]汪洪焦，窦滨，张其东，等.烟草行业实验室安全文化评价模型 [J].中国烟草学报，2020，26(02): 101-106.

[165]许勇，聂子杭，刘建文，等.基于 GAHP 和云模型的军事组织安全文化评价方法 [J].数学的实践与认识，2017，47(17): 12-20.

[166]郭凯.基于二元语义的煤炭企业安全文化评价研究 [J].中国煤炭，2013，39(09): 9-12+111.

[167]陈江波，岳庆超，曹爱霞，等.基于几何正多边形评价法的企业安全文化评价 [J].煤炭工程，2017，49(04): 142-144.

[168]周怀发，申永亮，张兴，等.基于层次分析与集对分析法的 LNG 槽车区风险评价 [J].油气储运，2019，38(03): 279-280.

[169]汪圣伟，李希建，代芳瑞，等.基于改进 AHP-SPA 的煤矿瓦斯爆炸风险评价 [J].矿业研究与开发，2021，41(04): 113-117.

[170]吕跃进，杨燕华.区间粗糙数层次分析法 [J].系统工程理论与实践，2018，38(03): 786-793.

[171]崔悦，王向章.通航维修安全风险评价——基于可拓优度和 IAHP[J].技术经济，2018，37(09): 103-107.

[172]高子清.石材加工行业尘肺病危害风险评估研究 [J].中国安全生产科学技术，2014，10(08) : 52-57.

[173]张景钢，王胜男，杨泽灏，等.基于布拉德利曲线与 BBS 干预的煤矿工人不安全行为分析 [J].煤矿安全，2019，50(10) : 243-247.

[174]赵海颖，李恩平.基于群体心理资本对矿工个体不安全行为的跨层次影响研究 [J].矿业安全与环保，2020，47(03) : 115-120.

[175]祁慧，张明阳，陈红.群体规范对矿工违章行为的作用机制研究[J].煤矿安全，2018，49(09)：293-296.

[176]邵楠楠.基于SEM的企业安全绩效维度指标关系研究[D].北京：中国地质大学（北京），2014.

[177]兰定筠，谢伟.对建设工程施工安全计划的几点思考[J].建筑安全，2007，22(4)：38-39.

[178]曹宏安，张怀智，郭胜强，等.报废弹药处理本质安全化研究[J].四川兵工学报，2011，32(04)：44-46+55.

[179]孙启华.葛亭煤矿职业安全健康管理体系研究[J].煤矿安全，2014，45(03)：217-219.

[180]徐绮庆，李荣宗，陈青松，等.11座天然气分输站急性职业病危害应急设施及个人处置能力调查[J].中国卫生工程学，2018，17(03)：356-358.

[181]喻馨兰，杨光红，王士然.某石油化工企业新建项目职业病危害控制效果评价[J].现代预防医学，2013，40(13)：2405-2407.

[182]杨泽云，覃江纯，徐雯，等.某垃圾焚烧热电联产项目职业病危害控制效果评价[J].中国安全生产科学技术，2011，7(06)：130-133.

[183]杨西海，宣高阳，唐菁菁，等.德上高速职业健康管理模式的实践探讨[J].工业安全与环保，2014，40(07)：51-54.

[184]陈刚，李光磊.论我国核损害责任制度的建立与构架[J].学术交流，2019(01)：67-76+192.

[185]尹传卓，翟建军，贺喜，等."1235"安全管理模式在胜利能源公司设备维修中心的实践[J].煤矿安全，2019，50(03)：253-256.

[186]季丽丽，梁晶，高鑫.铁路机车制造企业职业病防治管理体系探讨[J].中国安全科学学报，2020，30(S1)：188-194.

[187]王琼.制药行业职业健康管理评价研究[D].北京：北京化工大学，2021.

[188]席琦琦.ZTS有色金属矿山员工职业安全健康管理体系研究[D].成都：电子科技大学，2020.

[189]劳晓毅.某大型企业职业健康管理对策研究[D].广州：广东工业大学，2021.

[190]何晓庆，陈强，裘淑华，等.金华市中小型企业流动工人职业卫生现状调查[J].中国职业医学，2014，41(02)：238-240.

[191]何国家，徐伟伟."白伤"猛于"红伤"矿工如何"防、治、保"?[J].当代矿工，

2014(08)：13-16.

［192］何国家，徐伟伟.我国煤矿职业病现状及防治对策 [J]. 中国煤炭，2014，40(10)：19-24.

［193］尹中凯，周健，牛红杰，等.高地温矿井职业危害防控体系研究 [J]. 煤矿安全，2019，50(08)：249-252.

［194］刘建庆.煤炭企业职业健康管理系统设计 [J]. 工矿自动化，2016，42(07)：73-75.

［195］孔博，赵刚.铁路职工健康管理系统研究 [J]. 中国安全科学学报，2019，29(S1)：11-15.

［196］周久红.健全制度强化教育 提高安全管理水平 [J]. 中国煤炭工业，2012(003)：38-39.

［197］刘毅.做好员工培训教育工作是安全管理的长效机制 [J]. 东方企业文化，2021(S2)：101-102.

［198］申洋，王馨，王增武，等.我国职业人群高血压防治知信行现状及相关影响因素分析 [J]. 中华高血压杂志，2018，26(09)：865-870.

［199］何静，殷明，刘丹青.基于成果导向的高职应用型学习层次结构分析与探索——以美国 DQP 学历框架为例 [J]. 职业教育研究，2019(04)：87-91.

［200］张丽江，林海燕，许丽，等.乌鲁木齐市环卫女工劳动权益保护现状与影响因素 [J]. 职业与健康，2019，35(17)：2354-2357.

［201］王建国，闫涛，王康，等.不同影响因素下的矿工粉尘防治行为 [J]. 西安科技大学学报，2021，41(01)：62-69.

［202］严丽萍，卢永，吴敬.五类职业人群健康素养水平和影响因素分析 [J]. 中国公共卫生，2018，34(06)：918-922.

［203］鲜小星.建筑施工企业的安全氛围、员工安全意识对安全行为的影响 [D]. 成都：西南交通大学，2013.

［204］张礼.阜新市中小煤矿安全监管措施研究 [D]. 阜新：辽宁工程技术大学，2024.

［205］金刚，马智勋.浅谈安全生产风险管理 [C]// 中国石油石化健康，安全与环保.中国石油学会，2015.

［206］朱冬亮.建立职业病多元共治机制刻不容缓 [J]. 人民论坛，2019(32)：79-81.

［207］李光荣，贺生忠，香宏.情感安全文化对员工安全绩效的影响路径研究——基于关系型心理契约的中介效应 [J]. 中国安全生产科学技术，2018，14(05)：

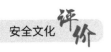

23-30.

[208] 朱庆亮 . 建筑施工作业人员不安全行为与安全绩效关联性研究 [D]. 济南：山东建筑大学，2013.

[209] 李琰，司源 . 基于 SD 的矿工安全绩效影响因素仿真研究 [J]. 价值工程，2023，42(14)：17-20.

[210] 高静 . 建筑工人消极情绪对其安全绩效的影响机理研究 [D]. 西安：西安建筑科技大学，2024.

[211] 韩凤，王东升，邹建芳，等 . 煤矿工人职业紧张与职业性肌肉骨骼疾患相关性研究 [J]. 中国职业医学，2018，45(02)：188-193.

[212] 李红霞，杨言言 . 煤矿安全生产中矿工心理韧性影响因素研究 [J]. 西安科技大学学报，2018，38(04)：538-545.

[213] 徐伟伟，康淑云，陈红 . 矿工职业心理健康管理体系构建与应用研究 [J]. 中国矿业，2020，29(04)：20-24.

[214] 张晓燕，刘菲菲，李泽荃 . 煤矿企业员工职业情境中的心理社会风险源探究 [J]. 煤炭工程，2019，51(12)：191-196.

[215] 田水承，郭方艺，杨鹏飞 . 不良情绪对胶轮车驾驶员不安全行为的影响研究 [J]. 矿业安全与环保，2018，45(05)：115-119+125.

[216] 曾迎春，黄民江 . 工作压力对护士身心健康的影响 [J]. 护理管理杂志，2008(11)：19-21.

[217] 王晓林 . 企业健康、安全和环境管理中健康促进手段对员工血糖代谢影响 [C]// 中华医学会糖尿病学分会第十六次全国学术会议论文集，2012.

[218] 王越，张骥 . 矿工肌肉疲劳状况及事故预防研究 [J]. 中国安全科学学报，2021，31(03)：191-196.

[219] 程菲，李树茁，悦中山 . 农民工心理健康现状及其影响因素研究——来自 8 城市的调查分析 [J]. 统计与信息论坛，2017，32(11)：92-100.

[220] 章敏华，闻军，顾明华，等 . 粉尘作业者呼吸防护用品现场使用评价 [J]. 环境与职业医学，2014，31(04)：282-287.

[221] 赵永华 . 危险化学品事故人员防护与避难方式研究 [J]. 中国安全科学学报，2011，21(09)：131-137.

[222] 王涛 . 煤矿洗煤厂设备管理与维护探讨 [J]. 煤炭工程，2019，51(S2)：121-123.

[223] 李红霞，陈磊 . 基于 AHP-fuzzy 的煤矿管理人员素质测评体系实证研究 [J]. 煤

矿安全，2019，50(03)：244-248.

[224]吴红波，颜事龙．煤矿事故频发的主要原因分析及其预防对策 [J]. 矿业安全与环保，2007(03)：86-88.

[225]王国栋，杨秀铁．近年来煤矿瓦斯爆炸事故技术原因及应对措施研究 [J]. 煤矿安全，2018，49(01)：230-232+236.

[226]赵容，徐金平，王小舫．北京市疾病预防控制系统员工职业紧张现况与影响因素分析 [J]. 中国职业医学，2020，47(06)：666-670+675.

[227]康学忠．某市公共活动场所经济收入状况对卫生安全管理影响的调查分析 [J]. 生物技术世界，2014(10)：225.

[228]朱朴义，胡蓓．科技人才工作不安全感对创新行为影响研究 [J]. 科学学研究，2014，32(09)：1360-1368.

[229]易涛．煤矿企业工作不安全感对矿工安全绩效的影响研究 [D]. 山西：太原理工大学，2022.

[230]金雪明，龚宇，陈永清，等．实验室辐射与防护安全管理研究与实践 [J]. 实验技术与管理，2019，36(04)：172-174+178.

[231]张少峰．焦炉煤气管道堵塞的原因及防范探讨 [J]. 煤，2013，22(07)：65+74.

[232]潘虹．采煤机械化和运输连续化的应用与研究 [J]. 中国矿业，2014，23(S1)：213-215.

[233]成连华，曹东强．煤矿职业病危害评价体系构建及应用 [J]. 煤矿安全，2020，51(06)：260-264.

[234]安茹，韩嵩，白文飞，等．北京地铁安检设备更新改造需求分析 [J]. 都市快轨交通，2017，30(04)：13-17+23.

[235]许满贵，方秦月，胡涛，等．桑树坪煤矿综采综掘工作面呼吸性粉尘危害及防治对策 [J]. 煤矿安全，2017，48(09)：171-174.

[236]顾大钊，李全生．基于井下生态保护的煤矿职业健康防护理论与技术体系 [J]. 煤炭学报，2021，46(03)：950-958.

[237]郑昀．采油企业职业病危害现状调查 [J]. 中国职业医学，2017，44(03)：393-395.

[238]艾林芳，赖云，熊金勇，等．某硬质合金生产企业职业病危害关键控制点分析 [J]. 中国职业医学，2019，46(06)：750-753.

[239]陈雪峰．关于高处作业危害浅析与个体防护 [C]// 第 25 届海峡两岸及香港、澳

门地区职业安全健康学术研究会暨中国职业安全健康协会学术年会暨科学技术奖颁奖大会 [2024-01-21].

[240] 牛德振. 堡子煤矿采掘工作面职业病危害因素解析及防护措施 [J]. 煤炭工程，2018，50(01)：52-55.

[241] 龚晓燕，侯翼杰，赵宽，等. 综掘工作面风筒出风口风流智能调控装置研究 [J]. 煤炭科学技术，2018，46(12)：8-14.

[242] 景国勋，柴艺，阚中阳. 基于生理信号的照度水平对矿工影响研究 [J]. 煤矿安全，2018，49(09)：309-312.

[243] 薛屹峰，朱建君，杨明宇，等. 桥梁工程施工工人职业健康环境影响因素研究 [J]. 建筑经济，2018，39(08)：97-101.

[244] 田耐. 环境因素对桥梁建造工程进度管理的影响研究 [J]. 环境科学与管理，2017，42(9)：86-90.

[245] 何振筹，谭光享，许振国，等. 高岭土生产企业作业人员职业健康状况分析 [J]. 中国职业医学，2018，45(06)：786-788.

[246] 罗丽，刘勇，徐昇. 2016 年德阳市噪声作业工人职业健康检查结果分析 [J]. 现代预防医学，2019，46(04)：609-612.

[247] 温翠菊，刘明，赵雷，等. 某煤矿矿井建设项目职业病危害分析和控制 [J]. 中国职业医学，2015，42(02)：232-235.

[248] 蒋兴法，陈先勇. 黔西南地区 18 家煤矿职业病危害因素检测结果分析 [J]. 煤矿安全，2021，52(02)：253-256.

[249] 王新平，畅涛涛，孙林辉. 体脑疲劳交互影响下煤矿工人作业改善研究 [J]. 工业工程，2020，23(04)：148-153+182.

[250] 王磊. 影响油田井下作业技术发展的因素探究 [J]. 化工管理，2014(24)：113.

[251] 赵希男，肖彤. 基于模糊 DEMATEL-ISM 方法的员工绿色行为影响因素研究 [J]. 科技管理研究，2021，41(05)：195-204.

[252] 李红霞，樊恒子，陈磊，等. 智慧矿山工人不安全行为影响因素模糊评价 [J]. 矿业研究与开发，2021，41(01)：39-43.

[253] 程慧平，彭琦. 个人云存储服务的技术安全风险关键影响因素识别与分析 [J]. 图书情报工作，2019，63(16)：43-53.

[254] 王晓莉，姜红，柯元南，等. 贝尼地平治疗轻中度原发性高血压的多中心随机双盲临床研究 [J]. 中国药学杂志，2014，49(15)：1342-1344.

［255］江鹏，李忠富，马胜彬.基于三角模糊 DEMATEL 法的装配式建筑工期延误影响因素分析 [J].工程管理学报，2021，35(03)：123-128.

［256］王妍，赵瑶.企业安全文化对员工安全行为的影响：基于江苏省化工企业的实证研究 [J].学海，2020(06)：45-50.

［257］梅强，张超，李雯，等.安全文化、安全氛围与员工安全行为关系研究——基于高危行业中小企业的实证 [J].系统管理学报，2017，26(02)：277-286.

［258］施波，王秉，吴超.企业安全文化认同机理及其影响因素 [J].科技管理研究，2016，36(16)：195-200.

［259］陈伟炯，吴宇凡，李新，等.一种基于人 - 机 - 环境 - 管理系统理论的安全文化评价方法 [J].安全与环境学报，2022，22(05)：2649-2659.

［260］容志，赖天.基于韧性理论的高校校园安全体系建设研究 [J].广州大学学报 (社会科学版)，2022，21(02)：44-59.

［261］张捷雷.基于风险链分析的旅游安全风险预防与控制机制研究 [J].浙江学刊，2019(04)：160-167.

［262］李敏奇，汤慧芹，白洁，等.病人安全文化与医疗服务结局的关联性分析 [J].中国医院管理，2017，37(1)：4.

［263］弓建华，尹相权.基于布莱德利曲线模型的高校图书馆安全文化建设 [J].图书馆工作与研究，2019(12)：61-65.

［264］时照，傅贵，解学才，等.安全文化定量分析系统的研发与应用 [J].中国安全科学学报，2022，32(08)：29-36.

［265］张亚炎.基于系统动力学的建筑施工企业安全文化建设研究 [D].江苏：南京工业大学，2015.